臺灣 咖啡栽培管理 與產業應用

農業部
農業試驗所
Taiwan Agricultural Research Institute,
Ministry of Agriculture

編著

五南圖書出版公司 印行

序 | PREFACE

臺灣因位處南緯 24°～北緯 25° 的熱帶與亞熱帶適合咖啡生長區域，也就是所謂的咖啡帶，種植咖啡已有百年歷史，最初自清末時期 1884 年引進種植於當時的臺北州海山郡三角湧（現今新北市三峽區），歷經日據時代、農復會與農林廳時期到現今的農業部，經由農業試驗所的研究，奠定國產咖啡發展根基。2023 年臺灣的咖啡種植面積已達 1,210 公頃，收穫量近 1,000 公噸，然根據財政部進口資料顯示，咖啡生豆進口量達 4 萬公噸，顯示自產咖啡僅占總需求量的 3%，多數仰賴進口，隨著國人對咖啡的喜好日益增加，臺灣咖啡產業評估具發展潛力。

臺灣咖啡種植分布於中高海拔產區面積約占 30%，中及低海拔產區各占 35%，因國外引進咖啡在中低海拔地區之適應力不佳，如一般阿拉比卡咖啡品種在較低海拔的種植有表現不佳的情況，長期以來產量與品質較不穩定，因此農業試驗所致力於咖啡品種改良，並於 2021 年培育出本土咖啡品種「台農 1 號」，可適應各海拔區域的環境條件，並具有精品咖啡之品質。除此之外，本所對於咖啡栽培、肥培管理及病蟲害防治投入相當多的研究，穩定產量與品質，另面對人力短缺，致力發展田間自動化管理之機械應用，亦利用農業化學基礎解析咖啡採後處理及烘焙原理，以生物技術的角度剖析咖啡成分之萃取與風味。上述成果集結農業試驗所專家的研究精華，在本書均有深入淺出

的說明，因此本書的內容兼具學理與實用性，希望能提供咖啡農民或對咖啡有興趣的民眾對臺灣咖啡產業樣貌更進一步的瞭解，進而支持讓日益進步的咖啡產業永續發展。

農業部農業試驗所

所　長　林學詩　謹識

中華民國 113 年 11 月

目錄 | CONTENTS

01

臺灣咖啡歷史與品種發展

張淑芬

一、臺灣咖啡品種發展歷史

咖啡樹的栽培歷史悠久，原產於熱帶非洲，咖啡這個名稱源自於阿拉伯語「Qahwah」，直到 18 世紀才正式以「Coffee」命名。世界上咖啡主要生長集中在美洲、非洲、亞洲的熱帶與亞熱帶大陸或島嶼的咖啡園中，大部分沿著赤道為中心包夾在南北回歸線的咖啡生長帶，又稱為「咖啡帶」。臺灣地理位置位於北回歸線地帶，剛好界於咖啡帶的範圍內，風土環境符合咖啡生長條件，也因此開啟了臺灣咖啡百年來的栽種歷程。

（一）清末時期（1884～）

臺灣最早的咖啡引進紀錄資料記載，為 1884 年（清光緒 10 年），當時由大稻埕德記洋行的英國人 R. H. Bruce 自馬尼拉帶回 100 株的咖啡苗，經由楊紹明種於臺北州海山郡三角湧（新北市三峽區），但因咖啡苗帶回時經過長期海運只有 10 株咖啡苗成活，1885 年又自馬尼拉購入咖啡種子自行播種，之後因咖啡種子發育不良，又自馬尼拉購入咖啡苗木種植於三角湧才種植成功，咖啡栽種植株曾達到 3,000 多株，是早期的咖啡種植紀錄。當時文山堡冷水坑庄的茶商游其源獲其咖啡種子種植，曾將收穫的咖啡送至大稻埕節記號李春生處用石臼搗碎焙煎試驗，並購置焙煎器械以焙製多量之咖啡豆，送往英國倫敦品評，品評結果頗受稱許，據稱品質堪列一等品。

（二）日據時期（1896～）

日據時時發現尚有咖啡老樹的咖啡園遺址，1896 年前臺北州殖產課長大庭永成氏前往勘查，採集其咖啡種子後播種於苗圃內，並分贈各地。1902 年臺灣總督府民政部殖產局在臺灣高雄州恆春郡設立「恆春熱帶植物殖育場」（林業試驗所恆春熱帶植物園），進行熱帶

植物移植試驗，咖啡由臺灣北部移往南部栽培，由冷水坑的馬尼拉系統的咖啡母樹採種，試播種於恆春熱帶植物殖育場內，又另由小笠原引進爪哇系統的咖啡種子種植，栽培成功之後有少量推廣於民間種植，當時栽培有阿拉比卡種（*Coffea arabica* L.）、羅布斯塔種（*Coffea canephora* Pierre ex A. Froehner）、賴比瑞亞種（*Coffea liberica* Bull ex Hiern）等三個種。1918 年殖產局園藝試驗場嘉義支場（農業試驗所嘉義農業試驗分所）成立，引入恆春熱帶植物殖育場的各種咖啡進行試驗種植，種植的阿拉比卡咖啡品種有‘波旁’（‘Bourbon’）、‘可娜’（‘Kona’）、‘馬拉戈吉佩’（‘Maragogype’）等及雜交種。

1907 年時於東京勸業博覽會出展時曾展示臺灣咖啡，由於臺灣咖啡栽培生產成績優秀，於 1928 年試銷日本獲得好評，為早期咖啡出口之始，認為咖啡栽培有希望，因此訂定咖啡企業栽培計畫。1931 年發生嚴重的咖啡銹病，且持續蔓延，對咖啡產業造成嚴重影響，為避免咖啡病害持續擴大，在 1933 年將全臺灣的咖啡發病植株砍伐絕滅，許多咖啡農苦心化為泡影。1935 年殖產局農務課的熱帶產業調查會調查書記載，農業試驗機關從事咖啡試作，因臺灣總督府的咖啡保護獎勵政策，試驗場對於咖啡栽培法、病蟲害驅除防治法等進行指導，農業試驗機關施行咖啡相關試驗，由當時的中央研究所嘉義農事試驗支所進行咖啡品種試驗與栽植法試驗、東部農產試驗所進行品種試驗與苗木的育成試驗、高雄州農事試驗場進行品種試驗，其中的嘉義農事試驗支所進行臺灣咖啡試驗結果，應用於正統的咖啡企業化栽培，記錄有十三個咖啡品種品質產量試驗、栽植試驗、發酵與乾燥試驗、咖啡品質調查、種苗散布數量等試驗結果，東部農產試驗所則有咖啡種苗散布紀錄，高雄州農事試驗場試驗規模較小，記錄有兩個品種咖啡產量結果。1941 年臺灣大規模企業栽培的咖啡農場有圖南產業農場株式會社農場、住田物產株式會社農場、木村咖啡店嘉義場、木村咖啡店

臺東農場、東臺灣咖啡株式會社農場、臺灣咖啡株式會社農場共 6 處（表 1-1），1942 年時全臺栽培面積達 967.4 公頃。

▼ 表 1-1　日據時期臺灣主要咖啡農場栽培狀況表 *

農場名稱	所在地	創辦年分	土地面積	咖啡種植面積（甲）
圖南產業株式會社農場	臺南州斗六鄉	1927 年	80.000	20.000
住田物產株式會社農場	花蓮瑞穗區舞鶴	1930 年	436.288	320.000
木村咖啡店嘉義農場	嘉義市紅毛埤	1933 年	301.000	119.000
木村咖啡店臺東農場	臺東新港郡都蘭庄高原	1934 年	564.000	149.000
東臺灣咖啡株式會社農場	臺東關山郡關山庄日之出	1939 年	861.000	58.599
臺灣咖啡株式會社農場	-	-	121.000	32.000

* 資料參考自黃弼臣（1953）、臺灣總督府農業試驗所（1944）。

（三）農復會與農林廳時期（1948 ～）

　　1948 年嘉義農業試驗分所保有成林的多種咖啡品種（圖 1-1），且有雜交育種及咖啡加工調製試驗，並出產「台灣咖啡」標名的產品（圖 1-2）。農復會（中國農村復興聯合委原會，農業委員會的前身）在 1952 年邀請夏威夷國際合作中心（Internation Cooperation Center Honolulu, Hawaii）主任後藤（Baron Goto）來臺灣考察並指導，後藤先生視察結果認為臺灣的氣候環境適合咖啡栽培，以及建議派員赴夏威夷學習咖啡生產與加工方法，1956 年嘉義農業試驗分所派員，赴美國夏威夷、哥斯大黎加、波多黎各、菲律賓等地，研究學習咖啡的栽培及加工技術，回臺後協助臺灣咖啡產業發展（圖 1-3）。

圖 1-1　嘉義農業試驗分所早期咖啡樹品種種植（左：雜交種咖啡，右：賴比瑞亞咖啡）。（資料參考自楊致福，台灣果樹誌，1951）

圖 1-2　嘉義農業試驗分所早期生產的「台灣咖啡」產品。

圖 1-3　嘉義農業試驗分所朱慶國主任到國外受訓考察後，協助臺灣咖啡產業
（左：嘉義農業試驗分所咖啡園，右：臺東縣東河鄉北源村咖啡園）。

　　1956 年農復會依據後藤先生建議恢復咖啡栽培，補助「雲林縣經濟農場」整理恢復 35 公頃的舊咖啡園，嘉義農業試驗分所朱慶國主任到國外受訓考察後，協助提供咖啡加工機器的資訊，農復會並撥款購買機具協助籌設咖啡加工試驗工廠，當時的雲林縣經濟農場咖啡加工廠主要設備有鮮果分級設備、脫殼機、脫膜機、咖啡豆分級機、每次可炒 200 磅的電動自動炒焙機等，規模算是遠東首屈一指的咖啡加工廠。1958 年隸屬農林廳的嘉義農業試驗分所將臺灣各地生產的咖啡豆送請美國農部鑑定品質，分析報告指出臺灣咖啡品質甚佳，相當於中美洲咖啡中優級品，因此咖啡被認為在美國應該很有銷路，咖啡產業外銷潛力受到重視。1962 年全臺灣的咖啡收穫量最高達約 156 公噸，之後因時空背景因素，栽培面積不再大量增加，1967 年後臺灣咖啡栽種面積已低於 100 公頃，直至 1980 年期間臺灣咖啡的栽種面積都低於 100 公頃。

（四）農業委員會時期（1984～）

　　1980 年之後只有農業試驗單位仍有咖啡試驗栽培，至今僅存中興大學惠蓀林場留存有咖啡老樹，全部栽培阿拉比卡種咖啡，嘉義農業試驗所仍保存咖啡種原與進行咖啡相關試驗研究，於 1976 ～ 1984 年持續進行咖啡新品種比較試驗，1986 ～ 1987 年自哥斯大黎加、巴拿馬引進 '卡帝莫'（'Catimor'）、'卡杜艾'（'Catuai'）、'卡杜拉'（'Red Catura'）、'波旁'（'Bourbon'）、'馬拉戈吉佩'（'Maragogipi'）、'摩卡'（'Mocha'）、'8652'、'8654' 等咖啡品種種植。嘉義農業試驗分所負責辦理臺灣咖啡品種改良與栽培改進，並持續收集咖啡種原與進行咖啡育種工作，目前保存羅布斯塔種咖啡（*Coffea canephora* Pierre ex A. Froehner）、賴比瑞亞種咖啡，以及阿拉比卡種咖啡（*Coffea arabica* L.）的 '鐵比卡'（'Typica'）、'波旁'（'Bourbon'）、'卡帝莫'（'Catimor'）、'卡杜艾'（'Catuai'）、'卡杜拉'（'Caturra'）、'藝伎'（'Geisha'）、'肯特'（'Kent'）、'馬拉戈吉佩'（'Maragogipe'）、'摩卡'（'Mocha'）、'帕卡瑪拉'（'Pacamara'）、'帕卡斯'（'Pacas'）、'紫葉'（'purpurascens'）、'S.L.28'、'S.L.34'、'薇娜西亞'（'Venecia'）、'薇拉薩奇'（'Villa Sarchi'）等百餘種咖啡品種（系）與雜交種種原。歷年來持續進行咖啡新品種系選育試驗研究，出版《咖啡種原特性與利用》專刊，並進行咖啡種原親緣分析研究，協助解決咖啡產業咖啡品種問題。

　　近年進行相關咖啡加值產品的研發，農業試驗所與農業藥物毒物試驗所及嘉義大學共同協助咖啡葉的食品原料申請，衛生福利部於 2021 年公告訂定食品原料咖啡葉（*Coffea arabica*、*Coffea canephora*）之使用限制及標示規定，可作為沖泡茶飲之原料使用（圖 1-4）。並應用資源物機能性成分，開發高經濟價值的原料，應用於高值化副產品的開發利用，加值咖啡產業的附加價值（圖 1-5）。

圖 1-4　嘉義農業試驗分所製成的咖啡葉茶保健飲品。

圖 1-5　利用咖啡葉機能性成分開發保養產品。

臺灣咖啡栽培已有上百年的時間更迭，2021 年臺灣咖啡種植面積已達 1,169 公頃，年收量近 1,000 公頓，產區分布於低、中、高海拔地區，南投縣 196 公頃、嘉義縣 136 公頃、屏東縣 235 公頃、臺東縣 144 公頃，咖啡栽培面積皆超過 100 公頃。臺灣咖啡產區種植的阿拉比卡品種，除了原始日據時期種植的 'Typica' 咖啡品種，及嘉義農業試驗分所提供的 '鐵比卡'（'Typica'）、'波旁'（'Bourbon'）、'卡杜艾'（'Catuai'）、'卡杜拉'（'Caturra'）、'肯特'（'Kent'）、'紫葉'（'Purpurascens'）、'S.L.28'、'S.L.34'、雜交種等咖啡品種之外，農民種植的咖啡苗木皆由鄰近區域採摘種子繁殖，或是經由苗商購入。近年來更由中南美洲、衣索比亞等地引進咖啡品種種植，例如'卡杜艾'（'Catuai'）、'藝伎'（'Geisha'）、'摩卡'（'Mocha'）、'S.L.28'、'S.L.34'、'薇娜西亞'（'Venecia'）、'薇拉薩奇'（'Villa Sarchi'）等咖啡品種。農業試驗所嘉義農業試驗分所協助制訂咖啡品種試驗檢定方法，受行政院農業委員會委任為咖啡品種性狀檢定及追蹤檢定之檢定機構，2021 年臺灣首次自行育成咖啡品種，是嘉義農業試驗分所育成的咖啡 '台農 1 號' 品種，並取得植物品種權。

臺灣百年咖啡栽培歷史中，引進臺灣種植的咖啡品種眾多，除了嘉義農業試驗分所進行引進咖啡品種的比較試驗，推廣適合種植品種給予農民種植，近年國人也陸續引進優良品種栽培。目前主要栽培阿拉比卡種的咖啡品種。阿拉比卡種咖啡由早期的 '鐵比卡'（'Typica'）與 '波旁'（'Bourbon'）品種，經由長久以來的自然變異、自然雜交與人為雜交後產生許多品種（系），早年阿拉比卡咖啡品種栽培時以產量與抗病性為選育重點，現今對優秀的咖啡風味亦是考量重點，隨著近年來的氣候變遷，未來的咖啡樹種植環境將會是嚴峻的考驗，因此在咖啡品種的選育工作上，需要考量具有優良風味遺傳特性，以及產量較高的特性，還需要選育耐環境逆境、耐咖啡病害、耐咖啡蟲害等特性，以培育優質豐產且容易栽培的咖啡優良品種，以利於臺灣咖啡產業的永續發展。

參考文獻

田代安定．1911.恆春熱帶植物殖育場事業報告．臺灣總督府民政部殖產局．臺北市．臺灣．

朱慶國．1998.臺灣省政府農林廳志：咖啡．台灣省政府農林廳．臺中市．p.195-199.

行政院農業委員會．2022.農業統計年報．

張淑芬．2018.咖啡．p.63-69.嘉義農業試驗分所百年研究成果1918-2018.臺中市．臺灣．

張淑芬．2022.臺灣咖啡品種發展．p. 53-76.刊於：2022國際咖啡論壇咖啡品種與品種選育．ICRI國際咖啡研究學會論壇專刊．國際咖啡研究學會．南投．

殖產局農務課．1935.熱帶產業調查會調查書：珈琲．臺北市．臺灣．

程永雄、張淑芬、徐信次．2004.咖啡種原特性與利用．嘉義市．臺灣．

黃弼臣．1953.臺灣之咖啡．臺灣銀行季刊．6(1):90-105.

楊致福．1951.台灣果樹誌．農業試驗所嘉義農業試驗分所．臺灣．

臺灣總督府農業試驗所編．1944.珈琲．臺灣農家便覽第六版．2:171-187.臺北市．臺灣．

Goto, B. 1954. Trip Report to Free China: Taiwan Coffee Production – Observations and Recommendations. International Cooperation Center Honolul, Hawaii.

二、臺灣咖啡品種

　　咖啡在植物學分類屬茜草科（Rubiaceae），咖啡屬（*Coffea*），學名 *Coffea* spp.，英名 Coffee。咖啡分爲阿拉比卡咖啡（*Coffea arabica* Linn）、羅布斯塔咖啡（*C. canephora* Pierre ex A. Froehner）、賴比瑞亞咖啡（*Coffea liberica* W. Bull ex Hiern）等幾個種。阿拉比卡咖啡，占世界總產量最多，其次爲羅布斯塔咖啡，賴比瑞亞咖啡只有在少數生產國消費飲用。

（一）賴比瑞亞咖啡（Liberia Coffee）

　　學名 *Coffea liberica* W. Bull ex Hiern，原產於西非賴比瑞亞，又名利比亞咖啡、大果咖啡，植株屬於大型灌木、小喬木或中喬木，常綠果樹，植株高度通常可達 5 ～ 17 公尺，樹勢強健（圖 1-6），葉片對生，葉大呈革質，全緣微帶波浪狀，呈長橢圓形或倒卵狀橢圓形，葉面光滑呈綠色（圖 1-7），葉長約 15 ～ 36 公分，寬約 6 ～ 19 公分，葉片背面中肋隆起，新葉呈綠色或紅褐色（圖 1-8）。每年主要花期於 2 ～ 5 月左右開花，小花數朵簇生於側枝葉腋，小花爲兩性花，花蕾的花瓣呈螺旋狀排列（圖 1-9），花朵具 5 枚或 6 ～ 8 枚花瓣於管狀花冠上，花瓣呈白色或桃紅色（圖 1-10）。果實爲核果，於翌年 3 ～ 6 月成熟，果實呈橢圓形或近球形，果實縱徑約 1.6 ～ 2.5 公分，橫徑約 1.4 ～ 2.1 公分，未熟果實呈綠色（圖 1-11），成熟果實轉呈紅色、暗紅色或紅褐色，具大且明顯的果臍（圖 1-12），果實具有外果皮，果肉薄，果肉與種子間具有內果皮與銀皮，包含 2 個相對稱的種子，少數具有 1 或 3 個種子，2 個相對稱的種子呈對半的橢圓形，腹面平坦，中央有 1 條淺溝，背面隆起，種子呈黃褐色，俗稱爲賴比瑞亞咖啡生豆（圖 1-13）。

　　賴比瑞亞咖啡的果實雖然可以經過水洗、半水洗、日曬等方式處理成生豆，再經過烘焙等過程製成咖啡豆，但因風味較差，咖啡因含

量較高，因其香氣不佳與苦味較強的特性，只占咖啡世界貿易約百分之 1～3 的比率。

▍ 圖 1-6　賴比瑞亞咖啡樹植株（左：年輕植株，右：老樹）。

▍ 圖 1-7　賴比瑞亞咖啡葉片。

▎ 圖 1-8　賴比瑞亞咖啡新葉（左：新葉綠色，右：新葉紅褐色）。

▎ 圖 1-9　賴比瑞亞咖啡花蕾（左：花蕾桃紅色，右：花蕾白色）。

圖 1-10 　賴比瑞亞咖啡小花與花序（上：桃紅色花朵，下：白色花朵）。

圖 1-11 　賴比瑞亞咖啡未成熟果實。

▌ 圖 1-12　賴比瑞亞咖啡成熟果實。

▌ 圖 1-13　賴比瑞亞咖啡種子（左：帶殼生豆，右：脫殼生豆）。

（二）羅布斯塔咖啡（Robusta Coffee）

學名 *Coffea canephora* Pierre ex A. Froehner，原產於西非剛果，又名剛果咖啡、中果咖啡，植株屬於灌木，常綠果樹，植株高度通常可達 5 ～ 10 公尺，樹勢生育強健（圖 1-14），葉片對生，葉全緣帶淺波浪狀，呈長橢圓形或卵狀橢圓形，葉面光滑呈綠色（圖 1-15），葉長約 15 ～ 22 公分，寬約 5 ～ 9.5 公分，葉片背面的中肋隆起，葉脈明顯，新葉呈綠色或綠褐色（圖 1-16）。每年主要花期於 2 ～ 5 月左右開花，小花數朵簇生於側枝葉腋（圖 1-17），小花為兩性花，花朵具 5 枚白色的花瓣於筒狀花冠上（圖 1-18）。果實為核果，於 5 ～ 8 月成熟，果實形狀較不整齊呈近球形，果實縱徑約 1 ～ 1.5 公分，未熟果實呈綠色（圖 1-19），成熟果實轉呈紅色或紫紅色，果臍明顯（圖 1-20），果實具有外果皮，果肉薄，果肉與種子間具有內果皮與銀皮，包含 2 個相對稱的種子，少數具有 1 個種子，2 個相對稱的種子呈對半的近圓形，腹面平坦，中央有 1 條淺溝，背面隆起，種子呈淺黃褐色，俗稱為羅布斯塔咖啡生豆（圖 1-21）。

羅布斯塔咖啡的果實經過處理成生豆（種子），再將種子經過烘焙等過程製成咖啡豆，因其酸味較低與苦味較強的特性，近年亦有進行品質改良的品種選育工作，多作為即溶咖啡、調和咖啡、濃縮咖啡（Espresso）等，也被製成二合一或三合一的咖啡沖泡製品，其咖啡因是阿拉比卡生豆的 2 ～ 4 倍，約占咖啡世界貿易的百分之 30 ～ 40。

圖 1-14　羅布斯塔咖啡樹植株（左：年輕植株，右：老樹）。

圖 1-15　羅布斯塔咖啡葉片。

圖 1-16　羅布斯塔咖啡新葉（左：新葉綠褐色，右：新葉綠色）。

圖 1-17　羅布斯塔咖啡花蕾。

圖 1-18　羅布斯塔咖啡小花與花序。

▌ 圖 1-19　羅布斯塔咖啡未成熟果實（左：小果，中：中果，右：大果）。

▌ 圖 1-20　羅布斯塔咖啡成熟果實。

圖 1-21　羅布斯塔咖啡種子（左：帶殼生豆，右：脫殼生豆）。

（三）阿拉比卡咖啡（Arabica Coffee）

學名 *Coffea arabica* Linn，原產於東非衣索匹亞，又名阿拉伯咖啡、小果咖啡，植株屬於灌木，常綠果樹，植株高度通常可達 3 ～ 7 公尺（圖1-22），分枝有直立、側生兩種習性，幼株初期分枝多直立，側生枝係直立分枝的第二次分枝，葉片對生，葉全緣帶不同程度的波浪狀，呈橢圓形、披針形或卵形，葉片先端尖形、銳形，基部漸狹形、楔形或鈍形，葉面光滑，隨品種不同呈綠色、深綠色（圖 1-23）、褐綠色，葉長約 8 ～ 20 公分，寬約 3 ～ 8 公分，葉片背面的中肋隆起，新葉隨品種不同呈綠色、綠褐色、紅褐色（圖 1-24），每年主要花期於 3 ～ 4 月左右開花，小花數朵簇生於側枝葉腋，小花為兩性花，花蕾的花瓣呈螺旋狀排列，花朵具 5 枚或偶有 6 枚白色花瓣於管狀花冠上，小花

具有 5 枚或偶有 6 枚雄蕊，雌蕊 1 枚具 2 裂柱頭（圖 1-25），果實為核果，於 10～翌年 1 月成熟，果實呈橢圓形，果實縱徑約 1～2 公分，未熟果實呈綠色，成熟果實隨品種不同轉呈紅色、黃色、橘黃色等（圖 1-26），果實具有外果皮，果肉薄呈黃白色，果肉與種子間具有內果皮與銀皮，包含 2 個相對稱的種子，少數具有 1 個或 3 個種子，2 個相對稱的種子呈對半的橢圓形，腹面平坦，中央有 1 條淺溝，背面隆起，種子呈淺黃褐色，俗稱為阿拉比卡咖啡生豆（圖 1-27）。

　　阿拉比卡咖啡的果實經過水洗、半水洗、日曬等方式處理成生豆，再經過烘焙等過程製成咖啡豆，因風味較優秀，不同品種間的風味不盡相同，可做成研磨咖啡粉、耳掛式咖啡等，也可以製成二合一或三合一的咖啡沖泡製品，目前世界上以阿拉比卡咖啡種植最多，約占咖啡世界貿易的百分之 60～70。

▌　圖 1-22　阿拉比卡咖啡樹不同品種樹型植株（左：原生品種，中：紫葉品種，右：大島品系）。

▎ 圖 1-23　阿拉比卡咖啡葉片。

▎ 圖 1-24　阿拉比卡咖啡不同品種新葉（ 左：新葉綠色，中：新葉綠褐色，右：
　　　　　　新葉紅褐色）。

▎ 圖 1-25　阿拉比卡咖啡小花與花序。

圖 1-26　阿拉比卡不同品種咖啡果實（左：鐵比卡品種紅色果實，中：波旁品種黃色果實，右：卡杜艾品種橘黃色果實）。

圖 1-27　阿拉比卡咖啡種子（左：帶殼生豆，右：脫殼生豆）。

1. 鐵比卡（Typica）品種

在日據時期引進臺灣，最早於恆春試驗支所種植，在嘉義農業試驗支所試驗種植推廣，目前為臺灣栽培最多的品種。此品種為接近原生種的最早品種（圖 1-28），起源於衣索比亞（Ethiopia），許多栽培品種都由此品種發展而來，樹形高大，可長到 3.5 ～ 4 公尺高，產量不高，不耐銹病，具有優質的咖啡風味。

圖 1-28　鐵比卡咖啡品種果實。

2. 波旁（Bourbon）品種

嘉義農業試驗分所於農復會時期引進臺灣種植，在臺灣栽培眾多，分成紅色果實的紅波旁與黃色果實的黃波旁品種（圖 1-29）。黃波旁品種也被普遍種植，與鐵比卡都是較早的品種，產量比鐵比卡品種高 20 ～ 30%，但是與大部分的品種比較下產量仍略低，具有優質的咖啡風味。

▋ 圖 1-29　波旁咖啡品種果實（左：紅波旁，右：黃波旁）。

3. 卡杜拉（Caturra）品種

　　嘉義農業試驗分所於農復會時期引進臺灣種植，是在巴西發現之波旁（Bourbon）的突變種，有紅色與黃色兩種果實類型的紅卡杜拉與黃卡杜拉品種（圖 1-30），植株較矮，具有高產量與好品質的特性，栽培上需要細心照顧與大量施肥管理。

▎ 圖 1-30　卡杜拉咖啡品種果實（上：紅卡杜拉，下：黃卡杜拉）。

4. 卡杜艾（Catuai）品種

嘉義農業試驗分所於農復會時期引進臺灣種植，是卡杜拉（Caturra）與蒙多諾渥（Mundo Novo）的雜交種，有黃色與紅色兩種類型的果實，分成黃卡杜艾與紅卡杜艾品種，近年由瓜地馬拉引進的南斯（Nanc）果實呈橘黃色，被稱之為橘色的黃卡杜艾（圖 1-31）。卡杜艾植株比較矮，節間較短，果實較不容易脫離枝條，不會因大力搖動枝條或下雨而落果，栽培上需要細心照顧與充分施肥。

圖 1-31　卡杜艾咖啡品種果實（上：紅卡杜艾，下左：黃卡杜艾，下右：橘黃卡杜艾）。

5. 肯特（Kent）品種

　　嘉義農業試驗分所於農復會時期引進臺灣，經種植試驗調查，具有耐銹病的特性，生豆收量高，因此大量推廣種植。此品種最初在印度發現，為鐵比卡（Typica）的突變種，是高產量且耐銹病的品種，夏威夷 HAES6550 屬於此品種（圖 1-32）。

▌ 圖 1-32　HAES6550 咖啡品種果實。

6. SL28、SL34 品種

嘉義農業試驗分所於農復會時期引進臺灣種植，當時引進的夏威夷 HAES6552 即為 SL28 品種（圖 1-33），SL34 品種則是目前臺灣咖啡賽事上獲獎最多的品種（圖 1-34），因為果實較大且豐產，近年栽培面積增加，這兩個品種皆由肯亞的斯科特農業實驗室（Scott Agricultural Laboratories）所選育，具有非常優異的咖啡風味。

▌ 圖 1-33　SL28 咖啡品種果實。

圖 1-34　SL34 咖啡品種果實。

7. 紫葉（Purpurascens）品種

　　嘉義農業試驗分所於農復會時期引進臺灣種植，這個品種屬於咖啡突變種，植株葉片偏紫紅色，在陽光充足環境下種植時葉片的紫紅色表現越明顯，果實顏色也偏紫紅色（圖 1-35）。

▌ 圖 1-35　紫葉咖啡品種果實。

8. 馬拉戈吉佩（Maragogipe）品種

　　嘉義農業試驗分所於農復會時期引進臺灣種植，目前種植數量少，是在巴西發現的鐵比卡（Typica）突變種，植株比鐵比卡與波旁大，植株與葉片較大，果實較大，俗稱「巨型象豆」，種子非常大，但是產量低（圖1-36）。

▌圖1-36　馬拉戈吉佩咖啡品種果實。

9. 卡帝莫（Catimor）品種

　　嘉義農業試驗分所於農復會時期引進臺灣種植，此品種為鐵比卡（Typica）與羅布斯塔自然雜交種的帝莫（Timor）與卡杜拉（Caturra）品種所雜交出來的品種（圖 1-37），具有強健的樹勢，產量較高，對不同環境的適應力較強，但是有時帶有羅布斯塔咖啡特性風味的尾韻。

▌ 圖 1-37　卡帝莫咖啡品種果實。

10. 帕卡斯（Pacas）品種

　　嘉義農業試驗分所於農復會時期引進臺灣種植，目前種植數量少，此品種是波旁（Bour bon）的變異品種（圖 1-38），產量高。

▍ 圖 1-38　帕卡斯咖啡品種果實。

11. 帕卡瑪拉（Pacamara）品種

　　嘉義農業試驗分所於農復會時期引進臺灣種植，近年也有自國外引進，目前種植數量少，這個品種是由帕卡斯（Pacas）與馬拉戈吉佩（Maragogipe）的雜交種（圖 1-39），葉片較大，產量較高。

▍ 圖 1-39　帕卡瑪拉咖啡品種果實。

12. 藝伎（Geisha）品種

　　是近年才引進臺灣種植的品種，因為在咖啡評鑑賽事中嶄露頭角成績優異，因此種植熱潮興起，此品種起源於衣索比亞（Ethiopia）的 Gori Gesha，在巴拿馬（Panama）產區生產的藝伎咖啡具有非常優質的咖啡風味（圖 1-40）。

▌ 圖 1-40　藝伎咖啡品種果實。

13. 薇娜西亞（Venecia）品種

近年才引進臺灣種植的品種，此品種是波旁（Bourbon）突變種（圖 1-41）。

▌ 圖 1-41 薇娜西亞品種果實。

14. 維拉莎奇（Villa Sarchi）品種

近年才引進臺灣種植的品種，植株較矮小，此品種是波旁（Bourbon）自然突變種（圖 1-42）。

圖 1-42　維拉莎奇品種果實。

15. 咖啡台農 1 號（Tainung No.1）品種

是臺灣第一個自行育成的咖啡品種（圖 1-43），為農業試驗所嘉義農業試驗分所選育，植株具有生長強健的特性，能適應各海拔區域的環境條件，中低海拔也適合種植，果實紅色橢圓形，產量高。水洗處理的生豆，經烘焙後，杯測品評具有質地溫和的果酸、豐富堅果香氣、體脂感厚、餘韻長之優秀咖啡風味，在低海拔種植的烘焙豆品評分數可達美國精品咖啡協會（SCAA）杯測量表 80 分以上「精品咖啡」等級。另外，本品種之葉片綠原酸含量較一般阿拉比卡咖啡品種高。

▌ 圖 1-43　台農 1 號品種的果實。

　　現今咖啡栽培受到環境氣候變遷與病蟲害危害等問題，致使咖啡種質資源的保存受到威脅，且面臨土地利用型態的改變、氣候暖化升溫、乾旱缺水逆境、病蟲害加劇等問題，咖啡遺傳資源越顯珍貴。傳統咖啡育種需要經由植株雜交授粉，田間優良單株選拔，再進行複選調查評估工作，往往耗費多年時間，藉由分子輔助育種技術，則能縮短育種年限，有效率的選育優良咖啡品種。近年來臺灣咖啡產業蓬勃發展，所生產的咖啡在國內外的比賽皆獲得優良成績，農民對於所種植的咖啡品種越發注重，各種阿拉比卡咖啡品種間特性不盡相同（表1-2）。咖啡豆的風味品質受到咖啡品種本身的遺傳特性，還有咖啡樹種植的環境氣候、田間栽培的管理方式、果實採收的後製處理等因素所影響，優良的咖啡品種必須配合良好的種植環境、栽培技術、後製方法，才能穩定生產高產量與優良品質的咖啡。

▼ 表 1-2　咖啡品種特性表 *

品種／特性	株高	新葉顏色	生豆大小	高海拔品質潛力	產量潛力
Typica	Tall	Bronze	Large	Very Good	Low
Bourbon	Tall	Green	Average	Very Good	Medium
Catimor	Dwarf/Compact	Green	Large	Good	Very High
Catuai	Dwarf/Compact	Green	Average	Good	Good
Caturra	Dwarf/Compact	Green	Average	Good	Good
Geisha (PANAMA)	Tall	Green or Bronze	Average	Exceptional	Medium
Maragogipe	Tall	Bronze	Very Large	Very Good	Low
Mundo Novo	Tall	Green or Bronze	Average	Good	High
Pacamara	Dwarf/Compact	Green or Bronze	Very Large	Exceptional	Good
Pacas	Dwarf/Compact	Green	Averge	Good	Good
SL28	Tall	Green	Large	Exceptional	Very High
SL34	Tall	Dark Bronze	Large	Exceptional	High
Venecia	Dwarf/Compact	Green	Large	Good	Good
Villa Sarchi	Dwarf/Compact	Green	Below Average	Good	Good

* 資料參考自 WCR Arabica Coffee Varieties, 2019。

參考文獻

張淑芬、沈秀芳 . 2015. 阿拉比卡咖啡 . 農業世界 . 387: 58-61.

張淑芬、沈秀芳 . 2015. 羅布斯塔咖啡 . 農業世界 . 388:60-63.

張淑芬、沈秀芳 . 2016. 賴比瑞亞咖啡 . 農業世界 . 389:24-28.

張淑芬、張哲瑋、陳甘澍 . 2021. 重磅登場！台灣第一個本土育成咖啡品種「台農 1 號」. 農業試驗所技術服務季刊 . 128: 45.

張淑芬、張哲瑋、陳甘澍 . 2021. 臺灣咖啡品種 . 農業世界 . 459: 12-21.

張淑芬 . 2007. 咖啡種原介紹 . 農業世界 . 281: 58-65.

張淑芬 . 2022. 咖啡「台農 1 號」─具精品風味的平地適種新品種 . 豐年雜誌 . 72(7): 6-7.

World Coffee Research. 2019. Arabica Coffee Varieties. America.

02

咖啡繁殖與園區管理

張淑芬

一、咖啡繁殖

咖啡繁殖工作可以分成有性繁殖與無性繁殖兩種方法進行，有性繁殖是以咖啡樹所結的果實取出種子進行實生播種，無性繁殖則是以咖啡樹的芽體、側枝、徒長枝等材料，以嫁接、扦插的方式進行繁殖。以種子播種的有性繁殖方式，因具有父母親本的遺傳特性，後代植株可能與親本產生差異的機率較高；直接利用母本植株材料的無性繁殖方式，後代植株的遺傳特性則與母樹完全相同，不易產生差異，如果要保留親本植株特性，需要利用無性繁殖的方式進行。

（一）種子有性繁殖

新鮮種子播種發芽率佳（圖 2-1），隨著採收儲藏日數增加，播種發芽率隨之下降，但適當陰乾種子妥善保存仍可維持部分發芽力。咖啡種子可於秋冬季 10 ～ 12 月及春季 1 ～ 4 月間播種，新鮮種子播種後 5 ～ 8 星期後發芽，發芽率約為 50 ～ 80%。咖啡樹雖然以利用種子繁殖居多，但是在此有性繁殖過程中，有些咖啡品種容易發生變異，例如藝伎（Geisha）品種以種子繁殖的後代，在植株型態發生變異，在新葉顏色、葉片形狀、節間長度改變等情況發生，造成後代植株的性狀改變或收穫生豆的風味差異。

▍ 圖 2-1　咖啡以種子播種發芽小苗。

（二）扦插、嫁接無性繁殖

　　利用扦插與嫁接等無性繁殖方法培育的咖啡植株後代，其遺傳性狀相對穩定，與原繁殖母樹的植株性狀相同，例如藝伎（Geisha）品種以扦插或嫁接繁殖的後代植株，其遺傳性狀與親本相同，無性繁殖的方法也被應用在田間植株的品種更新。扦插繁殖方法是取咖啡母樹的健康插穗作爲材料，將插穗扦插在適當的介質進行繁殖的方式（圖2-2）；嫁接繁殖需要準備屬意的親本母樹，由母樹取下適合的接穗，接穗材料可以是芽穗、側枝、突長枝等，以及準備合適的健康砧木，砧木材料可以是盆栽苗木或是田間植株，嫁接方法有芽接、切接、劈接、靠接等方式進行（圖2-3），嫁接方式可以利用在更新咖啡品種（圖2-4）。

▋ 圖 2-2　咖啡扦插發根苗。

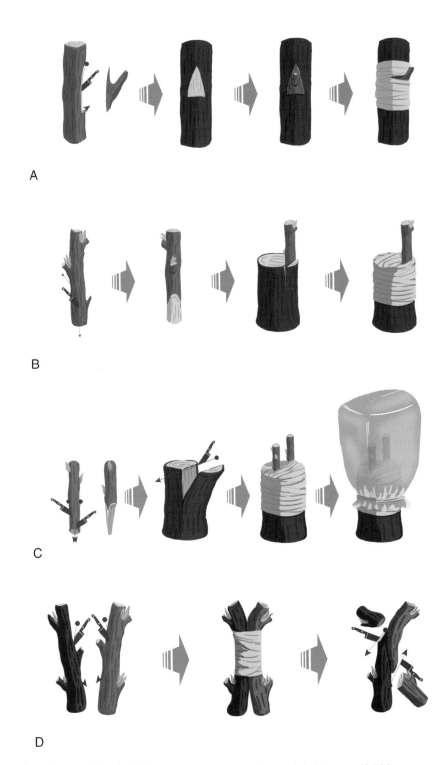

A

B

C

D

圖2-3　嫁接方式（A：芽接，B：切接，C：劈接，D：靠接）。

▌ 圖 2-4　咖啡樹以嫁接方式進行品種繁殖更新。

二、咖啡樹生長

　　咖啡種子播種後 3 ～ 5 年便開始開花結果實，第 5 年以後的 20 年內均為採收期，扦插與嫁接的後代植株，成熟接穗可在第 2 ～ 3 年就開花結果實，有的咖啡老樹甚至經由更新修剪可採收數十年的果實。

（一）幼年期

　　咖啡利用種子以有性繁殖播種，種子發芽約需要 2 ～ 6 個月以上的時間，以扦插方式無性繁殖則需要 3 ～ 6 個月以上。咖啡繁殖的小苗適合種植在有遮蔭的苗圃區域，在種子發芽苗或扦插苗生長 8 ～ 12 個月後移至田間種植。

　　咖啡樹發芽至開花期間約有 2 ～ 3 年的幼年期，此時的咖啡樹植株主幹直立生長，只有第一側枝生長，以及葉片的增加，主要為營養

生長型態，尚未達到開花狀態（圖 2-5）。幼年期的咖啡樹園區管理需要注意植株低矮時避免被田間雜草淹沒，植株種植處可以立支柱，以免割草時將咖啡樹一起割除。咖啡樹尚未開花結果前的植株管理也很重要，需要給予適當的肥培與水分管理，栽培管理良好的田區，尤其是種植在土壤肥沃、根系生長良好的咖啡樹苗，可以提早讓咖啡樹達到開花的階段，生長良好的咖啡樹，影響日後植株的生長及開花結果狀態。

圖 2-5　幼年期咖啡樹。

（二）成熟期

咖啡樹一般在樹齡第 3 年進入成熟期，此時期的咖啡樹植株因品種的不同植株高度不一，除了植株主幹的繼續生長之外，第 1 側枝也開始有花芽分化的狀態，有少部分咖啡果實的生長，隔年咖啡樹進入

盛產期，植株結果數量增加，在生長良好的咖啡樹可以每年收穫咖啡果實，咖啡樹的生產可以達到 20 ～ 50 年的時間（圖 2-6）。

　　成熟期的咖啡樹開始進入開花結果狀態，除了直立主幹的生長，第 1 側枝開花結果之後，會有第 2 側枝、第 3 側枝的產生，隨著咖啡樹側枝數目的增加，咖啡植株需要更多的照顧，依據種植田區的狀況，進行適當的肥培管理、水分維持、病蟲害防治、田間雜草管理等工作，以維持成熟期咖啡樹的良好生長狀態。

　　隨著咖啡樹樹齡的增加，咖啡樹枝條逐年老化，需要進行適時的更新，以整枝修剪的方式加以管理，維持咖啡樹的適當採收高度，更新結果枝條，或是視栽培管理方式輪流更新咖啡樹的主幹，以維持成熟期咖啡樹的良好樹勢生長，才能確保咖啡樹能夠每年生產足夠產量與優秀品質的咖啡果實。

▌圖 2-6　成熟期咖啡樹（左：波旁品種，右：紫葉品種）。

（三）開花期

咖啡樹達到成熟期之後，成熟的側枝會開始開花結果，咖啡樹的開花期約 50 天左右，以分批產生花蕾的方式開花，咖啡樹的開花情況會因為田間的栽培管理方式與環境氣候條件而影響開花的次數，一般情況下無法集中開花期，因此影響咖啡果實成熟時間，造成咖啡果實也是分批成熟（圖 2-7）。

在臺灣因為不同咖啡產區的海拔高度不同，咖啡樹開花階段的時間點略有差異，海拔高度越高的咖啡產區，咖啡樹的開花期略晚，但是主要開花期間仍在 50 天左右，皆是由花苞逐步開放（圖 2-8）。開花期間不適宜有太多的水分，尤其在開花期的強降雨或連續降雨會造成咖啡落花，而高海拔區域在開花期的強烈低溫，也會導致對咖啡樹開花數量的影響，造成咖啡果實減少的情形。

圖 2-7　咖啡開花期植株。

▎ 圖 2-8　咖啡樹開花期階段（左：花苞，中：開花，右：盛開）。

（四）結果期

　　咖啡樹成熟期至進入開花結果期（圖 2-9），結果枝由靠近主幹方向的基部逐漸向頂端的節位開花結果，同一結果枝條平均 2 年生產咖啡果實，之後枝條僅在接近頂端的部分生長少數果實，並在枝條節位長出新的側枝，當咖啡樹的分枝側枝越多，距離主幹越遠的結果枝條越短，咖啡果實也越小，需要透過整枝修剪以更新產生新的結果枝，越接近主幹的強健結果枝條，生產較大、較多的咖啡果實。

　　咖啡開花階段 50 天之後，進入咖啡結果期，咖啡果實由小果到中果階段約 70 天，果實開始轉色階段約 30 天，果實成熟紅熟階段期間約 70 天（圖 2-10），咖啡果實因不同階段時間的開花期，到達咖啡紅熟的時間也不一致（圖 2-11），因此需要分批採收紅熟果實。隨著種植區域海拔高度的增加，受到環境氣候的影響，越高海拔區域的咖啡成熟期越晚，果實紅熟速度較慢，一般中低海拔區域種植的咖啡樹果實採收期由 10 ～ 12 月左右，在高海拔區域種植的咖啡樹果實採收期達翌年的 3、4 月。

圖 2-9 咖啡結果期植株。

圖 2-10 咖啡樹結果期階段（左：小果，中：中果，右：大果成熟果）。

圖 2-11 不同成熟階段果實。

（五）果實構造

　　阿拉比卡咖啡大多屬於自花授粉，植株開花授粉後 6 ～ 8 星期時開始細胞分裂，此時結果情形受到氣候的影響，第 15 星期時咖啡花朵的子房快速成長為核果，第 19 星期時發育成白色濕潤的胚乳，再經過咖啡樹提供光合作用產物使胚乳逐漸成熟，中果皮形成咖啡豆外圍的果肉，開花後經過 6 ～ 8 個月，咖啡果實由綠轉深紅即可採收。

　　咖啡果實由綠色轉為深紅色時，表示果實已經成熟可以採收，如果不採收會在枝條上直接轉黑變硬。咖啡在最鮮紅的狀態下採收最好，一般也稱此狀態下的鮮紅咖啡果實為「咖啡櫻桃」，紅色的外皮內有黃白色的果肉，這部分可以食用，果肉帶有甜味，大部分果肉內有 2 個相對稱的種子，有時則只有 1 個種子（另 1 個種子沒有發育），果實結構由外而內分別為外果皮、果肉、內果皮、銀皮、種子（圖 2-12）。咖啡原料所指的生豆就是咖啡的種子。在果實成熟過程中，一般果實會孕育 2 個咖啡種子，如果只有 1 個種子發育成功，單 1 粒果實中只有 1 個種子，種子型態會是圓形，稱為單豆或圓豆（圖 2-13），多數咖啡果實成熟發育成 2 個種子，2 個種子合起來呈圓形型態，後製處理乾燥後的種子即為俗稱的咖啡「生豆」。

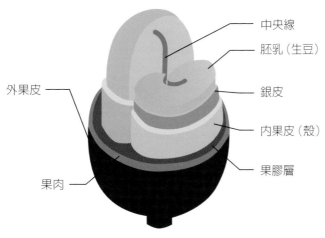

　　中央線
　　胚乳（生豆）
　　銀皮
　　內果皮（殼）
　　果膠層
外果皮
果肉

圖 2-12　咖啡果實構造。

圖 2-13　種子型態（圖左：單豆種子，圖右：一般種子）。

三、咖啡樹種植

（一）苗木定植

　　咖啡播種發芽後，小苗應假植 1 次，換盆種植約 3 ～ 4 個月之後，咖啡樹苗高約 20 公分時，即可進行定植工作，無論播種苗或扦插嫁接苗木，過小的咖啡樹苗容易被雜草掩蓋，在鋤草過程容易被忽略，比較不好管理。植株定植時間以 12 ～ 3 月較適合，若在雨季之前進行種植，對於咖啡樹苗的存活有所幫助，定植應選擇健康的苗木，對於植株的生長有所助益，種植根系發展良好的健康植株也有利於提早開花結果，盤根的老樹苗則不利於種植後植株的生長（圖 2-14）。

　　定植穴約挖掘 40×40×40 公分，植穴可以施用適量基肥，包括有機肥等的施用。植穴的土壤環境關係到咖啡樹苗根系的發育，好的土壤環境富含植物生長所需的有機質與必要微量元素，以及具有排水良

好的團粒結構壤土，將有助於促進咖啡樹的生長。

圖 2-14　定植前的苗木管理影響咖啡樹苗種植後的生長（左：適當管理的咖啡樹苗，右：密植徒長的老樹苗）。

（二）栽培密度

　　阿拉比卡咖啡因植株在栽植時行株距可採 2.5×2.5 公尺，在沒有兼作其他作物的情況計算每公頃約種植 1,600 株，這樣的咖啡樹行株距，是以沒有間作其他作物的情況計算，植株可修剪為多主幹（多莖）型態，如果間作其他作物，一般每公頃的阿拉比卡咖啡種植株數約 1,000 株左右；若以單一主幹（單莖修剪）型態，在沒有間作其他作物時，依據不同咖啡品種植株特性大小，每公頃可種植約 2,500 ～ 4,000 株。

　　臺灣的咖啡產區中，大部分農民會與喬木、果樹、檳榔等作物兼作，優點是同時可以有不同的收穫物收入，以及分散人力等，缺點則是田間操作較困難，不同作物的管理方式與病蟲害防治方法不盡相同，田間栽培管理工作較為繁瑣。適當的咖啡樹種植行株距（圖 2-15），可以讓田間栽培管理較容易進行，保持田間良好通風、不過度密植，有利於病蟲害的防治，在平坦地勢情況下，也能夠方便機具的操作使用。

圖 2-15　適當的行株距種植有利於咖啡園的栽培管理（左：山坡地咖啡園，右：平地咖啡園）。

（三）咖啡樹整枝修剪

　　咖啡樹的枝條有直立與側生兩種分枝習性，咖啡樹主幹為直立枝條，由主幹旁長出的直立枝條會成為另一個主幹，側生枝條對生成水平開張，側生枝條為結果枝，枝條結果時視枝條強弱與結果量開張下垂。新植咖啡樹有良好的結果枝，可以生產良好的果實數量（圖2-17），結果枝如果不進行更新，結果情形會變差。

圖 2-16　新植 3～5 年樹齡的不同樹型植株（左：藝伎品種，右：SL34 品種）。

圖 2-17　新植的咖啡樹結果枝可以生產良好的果實數量。

1. 整枝

咖啡樹樹齡第 3 年到第 4 年間會開花結果，第 5 年進入盛產期，一般以 3 ～ 4 年的結果期為一個循環，進行咖啡樹枝條的更新，維持咖啡樹的優良樹勢，更新整枝可以依據咖啡樹的狀態進行，第一種方式是整個咖啡園區的輪流整枝，以 3 或 4 的倍數植株為一組，分年輪流更新每一組中的一株咖啡老植株，第二種是分區整枝，在大面積種植的咖啡園分區輪流進行更新，維持咖啡園適當產能。

咖啡樹以整枝方式直接更新的優點為快速省工，直接將需要更新的老樹或生產力降低的咖啡樹，由咖啡樹距離地面的 20 ～ 50 公分處將樹幹鋸斷（圖 2-18），誘使重新長出枝條，配合施肥、水分管理等條件，更新咖啡樹的生產力（圖 2-19）。但是缺點為砍掉全部的主幹，會減少 1 ～ 2 年的咖啡收穫，因為重新更新的結果枝需要間隔 1 年才能開始結果生產。夏威夷施行的多幹整枝法，以四幹與六幹最普遍，效果最優，四幹整枝修剪法，是在咖啡樹種植後的第 4 年開始逐年剪掉 1 個老化的主幹枝條，六幹整枝修剪法，則是逐年剪掉 1 ～ 2 個主幹枝條（圖 2-20）。咖啡園區整枝前需要先行規劃以調節咖啡樹的產能，在過度密植的咖啡園整枝更新，也有調節園區通風性，改善病蟲害防治等效益。

▍ 圖 2-18　咖啡樹整枝誘發更新直立主幹枝條。

圖 2-19　咖啡老樹或衰弱植株藉由整枝更新恢復樹勢。

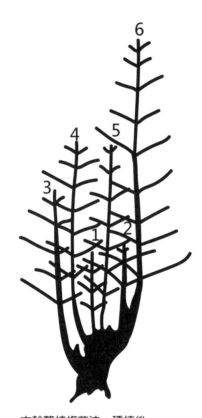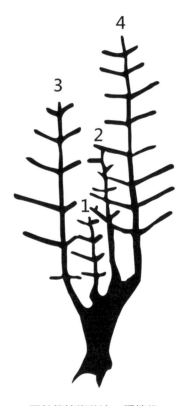

六幹整枝修剪法─種植後
第 4～5 年剪第 6 號枝、
第 5～6 年剪第 4 與 5 號枝、
第 6～7 年剪第 3 號枝、
第 7～8 年剪第 1 與 2 號枝

四幹整枝修剪法─種植後
第 4 年剪第 4 號枝、
第 5 年剪第 3 號枝、
第 6 年剪第 2 號枝、
第 7 年剪第 1 號枝

圖 2-20　咖啡樹的多幹整枝法。

2. 修剪

咖啡樹一般在播種後 2 ～ 3 年，為方便採收及栽培管理，農民多將其修剪至主幹 1.5 ～ 2.0 公尺高，以方便管理與採收，植株修剪高度以種植區域整體規劃與採收人員的便利性為主。控制咖啡樹的栽培高度，剪去上部枝條，可誘使萌發 2 ～ 3 個新芽，結果枝通常生長在主幹附近，花多著生在側枝上，修剪主要枝條可促進結果枝的生長，促進結果，修剪時期多於咖啡果實採收後進行，徒長枝、細弱枝、病蟲害等枝條均應適當剪除（圖 2-21）。

咖啡樹經 2 ～ 3 年的結果採收後，第 1 結果側枝的咖啡果實往往由靠近主幹的基部逐年往尾端生長，接著繼續產生第 2、第 3 結果側枝等（圖 2-22），如果沒有適度進行咖啡樹的修剪，結過果實的枝條部位不會再生產果實（圖 2-23 左圖），除了產量漸漸減少之外，在第 2 或第 3 結果側枝所生產的咖啡果實會比第 1 結果側枝上所生產的咖啡果實小，因此為維持咖啡樹的生長優勢及控制咖啡果實的產量品質，需要在適當時期進行咖啡樹枝條的修剪，更新成具有結果能力的新結果枝（圖 2-23 右圖）。

咖啡樹的修剪方式依據植株狀態進行修剪，主要為更新結果枝（圖 2-24），增加咖啡樹的結果產能，可以依據咖啡樹主幹的狀態，保持 3 ～ 6 支連結主幹的開擴性枝條架構，逐年輪流在此開闊性枝條架構上更新結果枝條，使咖啡樹的結果枝條能維持優良結果枝的狀態，保持咖啡樹的優良樹勢及咖啡果實品質，咖啡樹的修剪形式取決種植地點的環境，修剪高度依照採收人員的便利性（圖 2-25），其中傘型修剪方式，是讓結果枝全分布在上層開闊性結構枝條上（圖 2-26），具有採收上的便利性，但須注意強日照地區的果實曬傷問題，果實紅熟期必須有適度遮蔭保護果實，另外全株魚骨型修剪方式，是讓結果枝均勻分布在上下層連結主幹結構的枝條上（圖 2-27），適用在陽光充足使下位

枝條也有良好結果情形的種植環境,修剪後更新的側枝能恢復結果能力,每年進行適度修剪,即能夠維持咖啡樹的產能(圖 2-28)。

▌ 圖 2-21　無用的細弱枝條與病蟲害枝條應該剪除(左:下位無結果枝條,右:咖啡木蠹蛾危害枝條)。

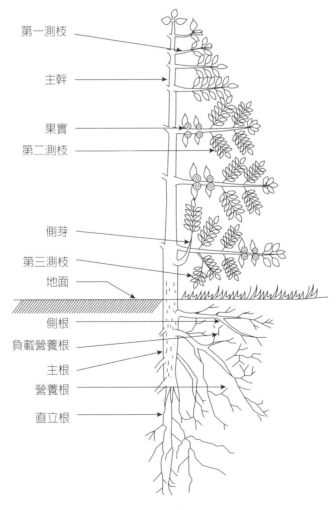

▌ 圖 2-22　咖啡樹植株側枝生長示意圖。

▍ 圖 2-23　已結過果實的枝條需要修剪更新為結果實的枝條。

▍ 圖 2-24　種植多年未修剪的咖啡植株樹型（由左至右的咖啡樹樹齡越大），需要
更新不結果的枝條。

▍ 圖 2-25　修剪樹型與高度依據種植環境與採收便利性決定。

圖 2-26 咖啡傘型修剪樹型。

圖 2-27 咖啡樹魚骨型修剪樹型。

圖 2-28 修剪更新結果側枝長滿咖啡果實（左：更新新生側枝，右：更新側枝結實纍纍）。

四、咖啡樹栽培環境

　　咖啡樹是熱帶、亞熱帶作物，由於咖啡樹生理特質的關係，全球能作為咖啡豆商業性栽培的地區是有限的，主要是受到溫度的限制，因為咖啡樹很容易受到霜害，所以緯度偏北或偏南都不適合栽種。以熱帶、亞熱帶地區為宜，咖啡生長的區域大約是在南北迴歸線之間，這個地區被稱為「咖啡帶」（Coffee Zone），全世界的咖啡生產國有60多國，大部分都位在此區域內，緯度太偏北或偏南的區域都不適合栽種。

（一）地形與海拔高度

　　在熱帶地區栽種咖啡樹要特別注意海拔高度，越接近赤道越能在越高海拔的山地栽種，如在海拔 2,500 公尺的高地也能種植。一般認為在高海拔的地區栽培出的咖啡品質較佳，且在高海拔的險峻斜坡地種植咖啡，因為地形使氣溫低及容易起霧（圖 2-29），可以緩和熱帶地區的強烈日照，讓咖啡果實有時間充分發育成熟，且因日照時數較短，降低咖啡樹種植田區遮蔭樹的需求。

　　在臺灣咖啡種植較高海拔區域達海拔達 1,200 公尺海拔高度，近年因為氣候暖化情形也有逐漸提高海拔高度往 1,400 公尺區域種植的趨勢，但是海拔高度越高越容易遭受到冬季低溫寒害，影響植株生長與果實收穫；栽培區域除了高海拔地區能夠種出高品質的咖啡，種植環境只要有適當的氣溫、降雨量及良好的土壤環境，能夠配合會起霧且日夜溫差大的地形（圖 2-29），就能生產高品質的咖啡豆。海拔高度雖然重要，但栽培地區的地形與氣候條件也很重要。

▌圖 2-29　高海拔區域易有午後起霧的氣候環境。

（二）溫度

　　溫度影響植物體內生理與生化反應，也會改變許多植物功能的表現，過高或過低的溫度對植物生長均屬不利。咖啡樹能忍受 30℃ 以上的高溫，特別是低濕度地區，咖啡在生育期間樹性喜好高溫，成熟與收穫期則以乾燥天氣比較適宜。日夜溫度的差異也會影響咖啡品質，較大的日夜溫差讓咖啡種子生長較慢，硬度變高而有較好的生豆品質。

　　阿拉比卡咖啡最適當的生長溫度為 15 ～ 25℃，若溫度超過 25℃，光合作用效率會降低，若持續在 30℃ 以上之高溫下，樹葉會受到傷害，過低的溫度也會造成葉片的損傷，高海拔地區冬季霜害輕微會傷害幼嫩新葉，嚴重時會造成全株葉片枯萎掉落（圖 2-30）。咖啡樹適合涼爽有樹蔭或防風樹的環境下生長，忌強日照高溫，對霜害低溫很敏感，其他如強風及低濕度也都是生長不利因素。

圖 2-30　低溫造成咖啡樹寒害情形（左：輕微寒害，右：嚴重寒害）。

（三）雨量與水分

　　水分主導植物呼吸作用、運輸作用、蒸散作用等生理活動。咖啡樹生長所需年雨量至少要有 100 毫米，最多不得超過 3,000 毫米。如降雨量一時過多或長久乾旱對生育均有妨礙。一般適當年降雨量為 1,500 毫米，但是在某些地區年雨量高達 2,500 毫米才能栽種出品質良好的咖啡豆，主要是因為土質的關係。在冬季溫暖而乾燥的氣候下對咖啡生長有利，但是臺灣冬季較為乾旱，咖啡樹仍需要適度的水分供應，以提供果實成熟期間植株生長所需要的水分。依據咖啡原生地是雨林的生長習性，咖啡樹生長喜愛潮濕環境，但是種植園區的通風性亦需要良好，才能減少病蟲害的發生。

　　阿拉比卡咖啡以年雨量 1,500 ～ 2,500 毫米最適宜，咖啡樹需要適當的水分提供植株生長，植株缺水容易促使離層酸（Abscisic Acid）產生，乾旱時植株為避免蒸散作用過多，會落葉以度過缺水情境（圖 2-31），過度乾旱及缺乏養分的情況，會造成葉片掉落、黃化、果實轉色不良的情形（圖 2-32），因此咖啡種植田區需要適度的提供水分灌溉，避免咖啡樹生長不良影響結果產量，咖啡樹雖然需要水分，種植區域也要排水良好，積水會造成根系腐爛植株受損（圖 2-33），咖

啡樹開花期需要較乾燥的氣候，若在果實成熟期遇到連續降雨，紅熟果實組織容易含水過多造成裂果情形（圖 2-34），裂果如未及時採收，掛果時間過久或遇日曬會影響果實品質，需要適時採收以避免損失。

圖 2-31　咖啡樹在缺水狀況下會落葉以維持植株生長。

圖 2-32　乾旱造成植株生長與結果情形不良。

▌ 圖 2-33　土壤積水造成植株根系腐爛，植株生長受損。

▌ 圖 2-34　連續降雨造成紅熟果實裂果與腐爛。

（四）日照

咖啡樹對於日照的要求並不高，太強的陽光直射對咖啡樹的生長會有不利的影響，尤其是阿拉比卡咖啡受太強的日照會影響樹體的生長勢。一般阿拉比卡咖啡栽培可以利用遮蔭樹遮蔽部分陽光，尤其在土壤條件不佳或缺水的地區，遮蔭有利阿拉比卡咖啡樹的生長。且國際上有些咖啡生產國因擴大種植咖啡的面積與增加生產量，大面積的砍伐樹木，造成嚴重的生態問題，所以國際上已經有生態保育人士在推動咖啡「餘蔭式」栽培，以不砍伐樹木的方式栽種咖啡樹，以生產對環境影響較少且品質較好的「樹蔭咖啡」，也有外國咖啡莊園達成零碳排的相關認證，能夠對友善地球環境盡一份心力。

適當的遮蔭可以讓植株生長環境減少日曬，降低溫度，減少植株蒸散作用；但是過度遮蔭也會造成咖啡樹勢衰弱，葉片變薄變大，枝條徒長，影響枝條開花數目與結果數量，降低咖啡樹的產量，適度的陽光能讓咖啡樹生產較高的果實產量。過強的直射日照容易造成葉片曬傷與植株損傷，果實成熟轉色時期，沒有遮蔭樹保護或是咖啡樹枝條遮蔽的紅熟果實，在太陽直射的方向容易有曬傷的情形發生（圖2-35），咖啡轉色紅熟的果實因果皮組織含水量增加，果實直接日曬面向的果皮容易曬傷呈橘褐色至黑褐色（圖 2-36），果實曬傷除了影響果實品質，傷口也容易成為病原菌危害入口，因此在咖啡樹結果期適度的遮蔭保護能確保果實品質。在遮蔭樹下種植的咖啡樹不易有果實曬傷的情形，下位枝條的果實也有上面枝條的遮蔭保護；日曬強烈區域種植的咖啡樹，在果實成熟期間可留置頂端未結果枝條，以保護下方枝條紅熟果實。

圖 2-35　咖啡樹果實成熟期受到強日照受損的植株與曬傷果實。

▎圖 2-36　咖啡轉色成熟期遭受日曬傷害的果實。

　　咖啡樹種植的栽培管理技術，影響植株的生長狀態、果實產量與品質。依據咖啡樹生長時相進行生育生產的健康農法管理方式，配合氣候與土壤的環境條件變化，及輔以適當的栽培管理技術，才能生產優良品質的咖啡果實，所以需要了解咖啡樹的生物特性，以及掌握季節氣候的與環境之間的影響，進行合理且精準的栽培管理，期許能夠以較少的投入成本，生產高產量、高品質及安全的咖啡收穫物，穩定咖啡農民收益，共創臺灣咖啡產業美好未來。

參考文獻

朱慶國 . 1981. 台灣的咖啡 . 豐年 . 31(15)：14-17.

行政院農業委員會農業主題館—「咖啡主題館」https://kmweb.coa.gov.tw/subject/index.php?id=44588 .

張淑芬 . 2023. 咖啡之健康農法 . 農業世界 . 484:51-59.

張淑芬、楊宏仁、劉禎祺、林明瑩 . 2011. 咖啡栽培管理 . 行政院農業委員會農業試驗所 . 臺中 . 臺灣 .

Bhattarai, S., S. Alvarez, C. Gary, W. Rossing, P. Tittonell and B. Rapidel. 2017. Combining farm typology and yield gap analysis to identify major variables limiting yields in the highland coffee systems of Llano Bonito, Costa Rica. Agriculture, Ecosystems and Environment 243:132–142.

Cerda, R., C. Allinne, C. Gary, P. Tixier, C. A. Harvey, L. Krolczyk, C. Mathiot, E. Clément, Aubertot and J. Avelino. 2017. Effects of shade, altitude and management on multiple ecosystem services in coffee agroecosystems. Europ. J. Agronomy. 82:308–319. Pham, Y., K. Reardon-Smith, S. Mushtaq and G. Cockfield. 2019. The impact of climate change and variability on coffee production: a systematic review. Climatic Change. 156:609–630.

Venancio, L. P., R. Filgueiras, E. C. Mantovani, C. H. Amaral, F. F. Cunha, F. C. Silva1, D. Althoff, R. A. Santos and P. C. Cavatte. 2020. Impact of drought associated with high temperatures on *Coffea canephora* plantations: a case study in Espírito Santo State, Brazil. Nature reach. 10.19719.

Wintgens, Jean Nicolas (Editor). 2012. Coffee: Growing, Processing, Sustainable Production: A Guidebook for Growers, Processors, Traders and Researchers, 2nd, Revised Edition. John Wiley & Sons Inc.

03

咖啡肥培管理

李艷琪、張庚鵬、林毓雯、劉禎祺

一、緒言

　　咖啡屬茜草科（Rubiaceae），學名 *Coffea* spp.，英文名 Coffee。茜草科植物。咖啡為常綠灌木，栽培歷史悠久，原產於熱帶非洲。世界上的咖啡主要集中生長在美洲、非洲及亞洲的熱帶及亞熱帶的大陸或島嶼的地方，即所謂「咖啡帶」的區域生長。臺灣（Taiwan）的地理位置也落於咖啡產帶（Coffee Zone）中，屬亞熱帶地區，在種植品種較優良的阿拉比卡（Arabica）原種時，無需像熱帶地區咖啡生產國一樣，必須種植在較高的山上。因為，咖啡既怕冷又怕降霜，也怕高溫。所以，在熱帶地區需要種植在高度 1,200 ～ 2,100 公尺之間，而亞熱帶地區只需種植在 600 ～ 1,200 公尺之間。通常海拔高度為影響咖啡風味的關鍵因素，阿拉比卡咖啡通常分布在較高海拔，約 550 ～ 1,900 公尺與較涼爽的氣候。羅布斯塔咖啡則分布在較低海拔 200 ～ 750 公尺與溫暖的氣候。最受歡迎的咖啡豆是分布在 1,370 公尺以上嚴格的硬豆，因咖啡豆在高海拔環境下生長緩慢，風味品質均較低海拔生長之咖啡佳。

　　咖啡的栽培受到溫度的影響大，一般約適合 16 ～ 28℃ 之間的溫度，持續 30℃ 以上的高溫會造成光合作用降低及樹葉的傷害，通常適合涼爽通風有樹蔭或防風樹的環境。咖啡栽培適合的年降雨量在 1,500 ～ 2,500 毫米間，但是降雨量一時過多或長久乾旱對咖啡樹的生育均有妨礙。咖啡樹栽培對日照的要求並不高，太強的陽光直射對咖啡樹的生長會有不利的影響。咖啡光合作用最強的溫度為 24℃，低於 15℃ 或高於 32℃，光合作用速率都明顯降低。咖啡樹基本上是屬於短日照的植物，在原生地日照長度約為 10.5 ～ 13.5 小時，而在赤道則約為 12 小時。*C. arabica* 在日照 14 小時仍然可以開花，再超過就無法開花。

　　咖啡栽培對土壤要求不苛求，但是栽培土質以富含有機質肥沃壤土及火山岩土壤爲最適宜，黏質壤土如心土混有砂礫排水良好生長亦佳，在乾燥地區栽種咖啡樹，除灌漑水須充足外，土壤應具有良好保水性，平坦地區必須注意排水。咖啡樹栽培土壤酸鹼值適合 pH 5.2 ～ 6.2 間，一般控制在 pH 5.0 ～ 7.0 間較好，咖啡樹栽培的土壤以微偏酸適宜，但過度偏酸的土壤栽培易罹患病害，如咖啡褐根病。

　　咖啡樹的根系 80% 以上是在地表下 30 公分的範圍內，在潮濕的土壤，90% 以上的根系會分布在土表（圖 3-1），咖啡根系的發育受到水分的影響至鉅，在乾燥地區或是有乾濕季交替的地區，根系的發育會往土壤的深層發展。過熱的土壤會減少根毛的發生進而減少水分養分的吸收，地表利用草桿或覆蓋作物可以避免土壤溫度過高。

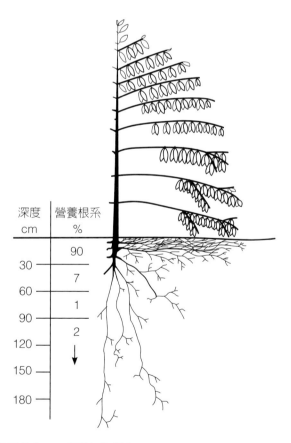

▌ 圖 3-1　咖啡根系分布。（圖片參考自 Ludwig E. Müller, Plant Physiologist, Inter-American Institute of Agricultural Sciences, Turrialba, Costa Rica.）

臺灣咖啡目前栽植區域可分為海拔 500 公尺以下，以及 800 公尺以上兩大栽植區塊。低海拔咖啡園多屬農牧用地，大多以全光照開放式栽植居多，栽植密度高，極易有病蟲害擴散，且品質參差不齊。高海拔栽植區農牧用地少，多為林下栽植，栽植密度較低，受山地氣候型態影響，大多半日照且溫差大，排水佳，雖生豆品質及價格均佳，但因栽培面積小，產量無法擴大。

二、植物生長必需元素及外觀營養障礙徵狀診斷

（一）必需元素之種類及生理機能

植物生長所必需的元素，到目前為止，被確認的共有十六種。另有數種（例如矽、鈉等）則在特定條件下，能促進植物生長，稱為有益元素。這十六種必需元素為碳、氫、氧、氮、磷、鉀、鈣、鎂、硫、鐵、錳、銅、鋅、硼、鉬、氯。其中碳、氫、氧可由空氣和水中取得，另外十三種元素，在正常情況下，由根自土壤溶液中取得。此十三種元素若根據植物正常生長所需要之吸收量來區分，可分為下列兩類：

1. 大量元素

包括氮、磷、鉀、鈣、鎂、硫等六種元素。其中氮、磷、鉀等三種元素，因需要量最大，最容易缺乏，所以最早被應用為肥料，稱肥料三要素。鈣素在一般土壤中含量豐富，只有在強酸性的土壤或退化田中，才有必要施用石灰補充鈣量。鎂素在強酸性土壤（例如紅壤）及砂質土中容易缺乏，須施用鎂質肥料補充。硫素在臺灣由於三要素等肥料之普遍施用，尚未聽聞缺乏之實例。

2. 微量元素

包括鐵、錳、銅、鋅、硼、鉬、氯等七種元素。此七種元素植物

雖需求量甚微，但在植物生理上卻不可或缺。由於需要量甚微，所以缺乏與過量中毒之間差距很小，在施用微量元素肥料時須注意不可超施。鐵素在土壤中含量豐富，引起缺鐵的原因，多是吸收過多錳或鋅導致鐵的不平衡，及因土壤 pH 值太高使鐵素不能有效化所造成。錳素缺乏多發生在中性及鹼性且富鈣質之土壤；另外，在水分充足的強酸性土壤，則容易發生錳過量之毒害。一般土壤不會缺銅，除非特殊有機質土或砂土，才有發生缺銅的可能。鋅素缺乏常發生於鹼性或石灰質土壤，還有，當氮、磷、鉀肥（尤其磷肥）施用過多時容易誘使鋅素缺乏。硼素在粗質地的酸性土或 pH 值高且富石灰質的土壤中容易缺乏，另在多雨地區，或長期灌溉含硼量低的水，都會使植物缺硼。鉬素缺乏的情形很少見，當土壤 pH 值低於 5.5 及栽種對鉬需求量較多的作物（如花椰菜、菠菜等）時較容易發生。氯素在自然界中普遍存在，尚未有缺氯的報告。

　　上述之植物必要元素，不論是大量或微量元素，對植物的正常生長都具有相同重要的地位，並且任何一種營養元素的特殊功能不能被其他元素所代替。各種必要元素在植物的新陳代謝、生長發育和後代繁殖扮演著重要的角色：

　　　碳、氫、氧─構成植物體內水和有機物的主要成分，占植物體重的大部分。

　　　氮─植物體內蛋白質、葉綠素、核酸和酵素的組成分。

　　　磷─生命細胞的必要成分，植物用以合成核酸；合成高能磷酸結合物，以儲存、運轉能量，參與糖類之合成及水解等。

　　　鉀─對糖類的運轉及澱粉的合成極為重要，並參與氣孔保衛細胞開合的功能。

　　　鈣─細胞壁的組成分，且可與植物體內有毒的草酸結合，達成解毒的效果。

鎂—葉綠素的組成分，及多種與植物生長有關酵素的活化劑。

硫—三種含硫胺基酸的成分，為蛋白質合成所必需。

鐵—合成葉綠素的觸媒劑，也是呼吸作用、光合作用及共生固氮作用酵素的活化劑。

錳—合成葉綠素的觸媒及多種與植物生長所需酵素的活化劑。

銅—多種酵素的活化劑及合成維生素 A 所必需。

鋅—植物體內數種酵素系統的重要成分，控制著植物生長調節劑的合成。

硼—使植物體內之分生組織的分化順利進行，及促進碳水化合物的轉移。

鉬—使植物體內之硝酸態氮素還原成氨，以合成蛋白質。

氯—幫助光合作用之進行。

（二）各種要素障礙之徵狀

植物對特定元素之缺乏或過剩，會在外觀，尤其是葉片上出現特別之症狀，由此種症狀可以判斷植物何種養分障礙而採取對策補救。由於此種方法不需儀器，簡單易行，在田間操作不失為一簡易判別植物要素障礙之方法，故為現場工作人員及農民所歡迎。植物要素障礙症狀之判別方法簡單介紹如下：

1. 要素缺乏

各種元素在植物體內之功能及移動性難易各有不同，故其缺乏徵狀在植物體呈現之部位也各有差異。若依各種要素在植物體內之移動性難易來區分，可分為下列三類：

⑴在植物體內移動性中等之要素，缺乏症狀發生於全株葉片者；如氮、磷、硫、鉬等。

氮—生長緩慢，發育不良，全株葉片黃化（圖 3-2），老葉有較嚴重之傾向。

▌ 圖 3-2　咖啡缺氮造成植株全株黃化。

磷—葉片變小，葉色暗綠，成熟遲延，很多作物莖葉並呈現紫紅色。

硫—生長減緩，成熟遲延，全株葉片黃化，幼葉有較嚴重之傾向。

鉬—缺乏徵狀與缺氮相似，有些植物葉片有捲曲、葉緣燒焦、斑狀萎黃等徵狀。

⑵容易在植物體內移動之要素，缺乏症狀發生於下方成熟葉者；如鉀、鎂等。

鉀—生長緩慢，莖幹瘦小，抗惡劣環境能力差，成熟葉葉尖及葉緣焦黃乾枯。

鎂—老葉葉脈間部分引起黃化（有些植物葉緣亦黃化），與葉脈周圍之綠色成明顯對比。

⑶不易在植物體內移動之要素，缺乏症狀顯著於新葉者；又依其頂端組織枯死與否分為下列兩類：

A. 新葉變形，莖的頂端組織易枯死；如鈣、硼等。

鈣—初期葉色呈不正常之暗綠，繼而新葉彎曲，葉尖白化、褐變枯死。果菜類之番茄尻腐、白菜及芹菜之心腐皆因缺鈣引起。

硼—新葉變厚、變脆、變黃、捲曲、凋萎和壞死，生長點之生長停止、死亡，果實或根莖部位有凸狀隆起或壞死斑點、中心部分黑變或褐變等。

B. 通常莖的頂端組織不枯死；如鐵、錳、銅、鋅等。

鐵—老葉維持正常而新葉則變黃，嚴重時變黃白色（圖 3-3）。

錳—與缺鐵徵狀類似，但葉脈周邊殘留之綠色較缺鐵者明顯（圖 3-4）。某些蔬菜如番茄、甘藍等，缺錳時則由老葉先發生黃化徵狀。

▌ 圖 3-3　咖啡苗泥炭栽培缺鐵嚴重，新葉黃白化。

▌ 圖 3-4　咖啡缺錳，徵狀與缺鐵類似，但葉脈周邊殘留之綠色較缺鐵者明顯。

銅—生長受阻，幼葉黃白化、葉片捲曲等。

鋅—莖長度變短，新葉變小、變窄、叢生，葉色灰綠，葉脈間發生斑黃化等。

2. 要素過量產生毒害

導致要素過量的原因有兩種；一種是人爲因素，例如施肥過量等。第二種是自然因素，例如特殊的地形、土壤、氣候條件等。下面簡單介紹幾種要素過量產生毒害的徵狀：

氮過量—輕微時枝葉生長過度繁茂，葉色濃綠；嚴重時葉片變小、變厚、變濃綠，生育非常緩慢。

錳過量—蔬菜類作物錳過量常導致全株葉片之葉尖及葉緣黃化、燒焦、捲曲等。

硼過量—蔬菜類作物硼過量與錳過量之徵狀甚爲相似。

鐵過量—鐵過剩之徵狀，最初小棕色斑點出現於下方葉片的尖端及葉肉，漸擴及上部葉片，嚴重時整株葉片呈暗棕色。

（三）由外觀診斷要素障礙之步驟

由外觀診斷要素障礙時，應先注意避免與病蟲害、藥害及其他因子（如缺水）混淆；特別是某些毒素病的症狀，與要素障礙之徵狀甚爲相似，容易導致錯誤的結論。而後，應盡量依循下列之步驟，詳細的調查及謹慎的分析研判，以免作出錯誤的判斷：

1. 現地調查

調查時期應盡量配合徵狀的發生時期。例如蔬菜作物缺鐵之黃化，常因高溫時期栽種於鹼性土壤，當高溫條件消失時缺乏徵狀即緩解或消失。故若不能把握正確的調查期，易導致混淆的研判。

聽聞徵狀發生的經過：

⑴如係最近才發生，而過去沒有，很可能與病蟲害有關。如發生

已久，並且在同一地區普遍發生，則可能與要素障礙有關。

⑵若發生多年，但在乾旱之年特別顯著，則有缺硼之可能。如其發生在潮濕之年顯著，則可能與錳過多之毒害有關。

⑶調查農家的施肥管理情形，如發生多年，但只限於部分農田，則可能與農家之肥培管理有關。例如石灰施用過多可能導致硼、鋅缺乏，磷肥施用過多可能導致鋅缺乏，鉀施用過多可能導致鎂缺乏等。

2. 土壤及地形調查

土壤如屬鹼性則可能與鋅、鐵、錳等元素缺乏有關，若屬酸性則可能與鎂、鈣、鉬等的缺乏或鐵、錳的過剩有關。另外，土壤剖面形態及排水情形亦應注意，鹼性水田土壤排水不良易缺鉀、缺鋅，酸性水田土壤排水不良易導致鐵之過剩毒害。

3. 徵狀觀察與判斷

應就發生要素障礙植物之葉片、果實等作詳細的觀察及記錄，並與各要素障礙之徵狀圖鑑比對，再作出可能性的判斷。值得注意的是，由外觀症狀診斷要素障礙必須十分謹慎，不可驟下結論。一者不同植物、不同品種間的要素障礙徵狀常有差異，容易發生混淆；再者田間發生的要素障礙常見不是單一元素之障礙，而是多種元素障礙之複合徵狀；因此，很難就外觀即作出肯定性的判斷。

4. 植物體及土壤分析

當外觀症狀診斷沒有十分把握時，即應配合進行植物體及土壤之分析。所得分析資料（例如表 3-1 和表 3-2）再與上述現地調查之記錄參考比對，作出進一步之確認。若懷疑仍然存在，或者想更進一步在田間進行實地改良，即應進行下列之步驟。

▼ 表 3-1　咖啡土壤肥力分析參考值

咖啡土壤	酸鹼值 pH（1:1）	電導度 EC（1:5） mS/cm	有機質 g/kg	有效性氮 mg/kg	有效性磷 mg/kg	交換性鉀 mg/kg	交換性鈣 mg/kg	交換性鎂 mg/kg	交換性鈉 mg/kg
參考值	5.5～6.8	0.25～0.35	>20	20～100	50～200	150～400	800～1,900	50～230	≦ 100

咖啡土壤	有效性鐵 mg/kg	有效性錳 mg/kg	有效性銅 mg/kg	有效性鋅 mg/kg	有效性硼 mg/kg	有效性鋁 mg/kg
參考值	未訂	未訂	5～20	5～25	31～50	<120

▼ 表 3-2　咖啡植體葉片營養要素分析參考值

植體	氮	磷	鉀	鈣	鎂	鐵	硼	鋅	錳	鋁
	--------------------%--------------------					--------------------mg/kg--------------------				
參考值	2.0～3.0	0.14～0.20	2.0～3.0	1.2～2.0	0.25～0.35	45～100	30～50	>15	<200	<120

5. 盆栽及田間試驗

　　盆栽試驗乃使用問題土壤以盆栽栽培，使植物要素障礙症狀重現，並依據第 4 項植物體及土壤分析所得之資料，加上若干處理，以觀察其改良效果。盆栽試驗簡易、方便，其結果可作為田間實地改良之重要參考。但若田間之要素障礙已相當嚴重，需作緊急之補救，亦可參照盆栽之試驗方法，直接進行田間試驗。

（四）易發生要素障礙之土壤

　　植物之發生要素障礙與否，主要由土壤之要素供應狀況決定。而土壤之要素供應情形，主要由三項因素決定。第一是成土因子：例如石灰質土易缺乏鋅、錳、鐵、硼等，紅壤易缺乏鎂、硼、鉬等。第二是土壤酸鹼度值（pH 值）：土壤 pH 值對植物生長之影響很大，而其對營養要素的影響方面主要在要素的有效性。例如根據土壤調查，彰化的黏板岩沖積土含有效錳甚高，而南投的紅壤地區含有效錳甚低；但後者在潮濕之年某些植物易發生錳毒害，前者卻偶有缺錳之情形發

生。此乃由於 pH 值高低對土壤錳之有效性影響極大之故。第三是施肥情形：例如差不多所有土壤，對供應植物氮、磷、鉀等要素的需求均感不足，但由於三要素肥料的普遍施用，一般在田間甚少看見這三種要素的缺乏。下面介紹幾種臺灣較易發生要素障礙之土壤，以供參考：

鎂缺乏—植物之鎂素缺乏在臺灣可說甚為常見，但並非所有鎂素缺乏土壤施用鎂質肥料均能得到有效改良。通常強酸性土壤（例如紅壤）及坡地土壤缺鎂之情形最為嚴重，但若欲施用之鎂質肥料有顯著之產量回應，一般而言，土壤之交換性鎂須在 50 ppm 以下。

鈣缺乏—通常發生在強酸性、鈣含量低的土壤，尤其在高溫的夏季。

硼缺乏—臺灣東部縱谷的片岩石灰岩混合沖積土、紅壤、彰化及宜蘭的黏板岩沖積土等的土壤有效硼含量較低，當氣候特殊或栽種需硼素較多的植物時，易有缺硼徵狀發生。

鋅缺乏—易缺鋅的土壤，在東部有海濱火山灰質土壤，花蓮之片岩石灰岩混合沖積土已因施用鋅肥得到改善；西部鋅含量較低的土壤為嘉南、雲林、彰化的砂頁岩及黏板岩沖積土。

鐵缺乏—易發生於石灰質土壤、沿海之鹽分地及 pH 值較高的黏板岩沖積土。

氮過量—土壤之氮過量主要由於施用過量的氮肥所致。梗軟弱，易致倒伏。

錳過量—強酸性、尤其 pH 值低於 4.0 以下之土壤，由於錳的溶解度很高，在潮濕之年易發生錳吸收過量之毒害。

三、咖啡合理化肥培管理影響因子

何謂合理化肥培管理？簡單地說，就是讓所施用之肥料達成最高效率的生產量的肥培管理方式稱之。但是，要達成這種目標可不容易。首先，得先明瞭咖啡栽植土壤之物理性質（如土壤質地、團粒結構、孔隙度等）及化學性質（如 pH 酸鹼度、EC 電導度、有機質、營養要素、重金屬含量等）。然後，按所栽種咖啡作物之生育特性〔如咖啡品種差異（阿拉比卡、羅布斯塔）、不同生育期（如苗期、營養生長期、生殖生長期）〕、氣候條件（光照強弱、溫度高低、通風狀況、雨量多寡、海拔高度等）、栽培方法（整枝、灌溉方法等）等因子之影響，以適當比率、適當量之肥料，適時以最佳的施用方法施用。接著，以一套簡單而實用的方法來進行肥力監控也是必需的，當栽培環境（如大量雨水沖淋、乾旱、高溫、颱風、霜害或寒害等）或咖啡生育條件（如大量採收果實等）發生變化時，可以隨時掌握肥力變化情形，給予適當的肥料補充。

由上述可知，影響肥培管理的因子眾多，並且各因子間通常都環環相扣。只要其中有一個環扣鬆掉了，就有可能讓整個咖啡生產遭受到嚴重的負面影響。因此，在栽種咖啡之前，先擬定一套完整的施肥計畫是必需的。唯有針對現場實際的需求，將肥料的種類、施用量、施用法進行適當的調整，才能真正達成合理化之肥培管理。以下將對影響咖啡肥培管理的重要因子作進一步的介紹：

（一）栽培土壤

咖啡栽植土壤之物理（如質地、團粒結構、孔隙度等）及化學（如酸鹼度、電導度、有機質、要素含量等）性質與肥培管理息息相關，在擬定肥培管理流程時，土壤之理化性質常被列為最優先考量之因子。下面簡單列舉幾個較常見的土壤理化性質影響肥培管理事例，以供參考：

1. 在粗質地土壤（如砂質土、石礫地等，圖 3-5）栽種咖啡，由於土壤之保水保肥力均弱，施肥方式宜採用少量多次施肥；若一次施用多量的肥料，不僅易造成肥傷，且肥料也容易大量流失。淺層粗質地土壤若過量灌溉，肥分易流失。傳統淹灌或溝灌無法有效控制水分在土層中之分布，尤其在旱季，難以將肥分留存於有效根系之土層內，以供咖啡樹根部吸收，因此噴灌系統之建立有助於控制咖啡土壤水分含量及肥料釋放量與釋放速率。

▍ 圖 3-5　淺層粗質地土壤剖面。

2. 坋質粒含量高、團粒結構不佳之土壤容易在大雨襲打或高水位淹灌後，土壤表層結成一層硬皮（圖 3-6）。當結皮現象發生時，施於土表的肥料就不易溶解下滲為咖啡所吸收，根系也易因通氣不良而生育不佳。因此，在作物栽種前，即宜預作處理；或在土表覆蓋一層有機質（如稻草、枯枝落葉、蔗粕等）以防大雨直接沖擊；或加入大量有機質與土壤混拌，以改善土粒之團聚性；或於咖啡園區根系範圍採草生植披，皆有助於防止土

壤結皮現象之發生（圖 3-7）。

▍ 圖 3-6　結皮土壤（坋質含量高，大雨襲打或高水位淹灌後，土表形成硬皮）。

▍ 圖 3-7　果園加入大量枯葉（或作物殘株）有機質，以防土壤結皮。

3. 不同地區土壤化學性質不同，須注意可能引起之要素缺乏障礙，並予以預作防備。例如在強酸性紅壤中栽培咖啡樹，除了必須施用的氮、磷、鉀等肥料三要素外，硼、鎂、鈣是可能會發生缺乏的要素（圖3-8）。硼素之預措處理為，每分地每年施用2～3公斤硼酸或硼砂，或以葉面施用水硼（2,000倍）或硼砂（1,000倍，硼酸亦同），每2～3週施用1次，共約施用5～6次即可。咖啡樹缺鎂通常發生於中、大果期之後，若缺乏情形不嚴重（如一個枝條只有1～2片下位葉呈現輕微虎紋斑黃化），可考慮不施用鎂肥；若較嚴重者（如超過3～4片黃化葉片），可於中大果期後至咖啡果實成熟期，每分地每月施用1包硫酸鎂。一些咖啡品種（如阿拉比卡品種）有潛在性缺鈣的問題，會導致咖啡果實之果仁黑心化；此時可以氯化鈣（300倍）溶液於果實發育期，每週2次葉面噴施60～80公升，或每分地每月施用1包氯化鈣。高溫季節，每分地每月施用2包氯化鈣。

▌ 圖3-8　生長於強酸性紅壤之咖啡須注意鈣、鎂、硼之缺乏補充。

（二）生育特性

不同生育時期之生育特性不盡相同，肥培管理自應針對不同之生育特性作必要之調整。世界上的咖啡樹品種大約有五百多種，但被當作商業用途大量耕種的只有阿拉比卡和羅巴斯塔兩種，大約占世界咖啡產量的 95% 以上。阿拉比卡咖啡樹主要生長在西半球的高原地區，氣溫較低的環境。羅巴斯塔不易受氣候影響，通常種植在地勢較低且較炎熱的地區。生育時期以咖啡樹而言，約可分為採收後至開花前、開花結小果至中大果期、大果至採收期。採收後至開花前，期間應將氮肥降至最低，大幅提高鉀肥，以利咖啡葉片養分順利迴流蓄積於樹體中，有利於健壯而穩定的咖啡花苞形成；開花結小果至中大果期時，為使果實膨大，須有較高比例之氮鉀比；而在大果至採收期時，為使咖啡果實風味品質提高，則須大幅降低氮鉀比。

咖啡品種不同，採收期間亦不同。因此，肥培管理亦須有所差異。例如：阿拉比卡咖啡 9 ～ 12 月為其成熟採收期，其生長發育時間為 1 ～ 8 月，氣溫由低溫至高溫，此時肥培管理之氮鉀比率應由高往低（如 N/K=1/1 → 1/2 → 1/3），並配合生育期逐步調整。而羅布斯塔咖啡 5 ～ 8 月為其成熟採收期，其生長發育時間為 9 月至隔年 4 月，氣溫由中高溫至低溫再至溫暖，此時肥培管理之氮鉀比率應由低往高再調至中間（如 N/K=1/3 → 1/1 → 1/2），並配合生育期逐步調整。氮鉀比率之調整為一粗估值，須配合實際生育期與氣候條件做適度之調整修正。

（三）氣候因子

氣候因子對作物的影響是相當鉅大的，咖啡作物自然也不例外（圖 3-9）。除了生理方面的影響，在營養上，氣候因子也扮演著相當重要的角色。氣候對作物的影響一般主要的因子為光照、溫度、雨量等。光照及溫度影響作物對營養要素的吸收及利用率，水分（如雨水、灌

溉水等）使加入的肥料溶解，如此才能爲作物的根系吸收及利用。

▍ 圖 3-9　咖啡結果後期因土壤氮肥過高及下雨過久，使新梢仍不斷冒出。

1. 溫度、光照

　　一般說來，高溫高光照的條件下，氮素的吸收及利用特別快，因此咖啡常呈現新生枝葉繁茂的景象；此時，可能導致巨量元素如鈣的缺乏（鈣素在高溫、通氣不良的條件下，吸收率降低）及鉀的潛在性缺乏（鉀量不充足時，在豔陽下易致葉片軟垂）。而在低溫低光照時，作物的生育速度緩慢；此時，應提供較高濃度的氮肥、磷肥（磷素在低溫時，被吸收率大幅降低）及鎂肥，以促進作物的生長。例如咖啡樹在高溫條件下栽培，其易因缺鈣造成咖啡果實內果仁黑心腐病（圖3-10）。因此，在高溫條件下，鉀肥及鈣肥之管理需特別加強。通常夏季高溫、高光照氣候下，若雨水或灌溉水量充足，氮肥吸收速度增

快很多，因此氮肥施用量可減少 30 ～ 70%，土壤水分越多，氮肥減少比率越多。而鉀肥施用量可增加 50 ～ 100% 以上，當溫度越高水分越多，鉀肥增加比率越高。而在高溫時，若咖啡有缺鈣狀況發生，可補充石灰資材（如石灰、苦土石灰與土壤混合提前補充，或土壤灌施氯化鈣，或土壤施用氯化鈣等）。

▌ 圖 3-10　咖啡正常果仁（圖上）與缺鈣果仁變黑（圖下）。

2. 水分

　　水分是作物生長所不可或缺的要素。正常說來，只要溶氧量充足，水分越多，咖啡生育越旺盛。在營養上，水分是營養要素（肥料）溶解的必要溶劑，只有溶於水的營養要素才能為作物吸收利用。在裝設簡易噴灌設備（圖 3-11）的咖啡園，適當水分常可藉由所設置的灌溉設施（如西瓜帶或水鳥等）供應；但在無灌溉設施的坡地咖啡園，水

分僅能由雨水或偶爾的人工灌溉提供，大大地降低了生產競爭力。另外值得注意的是雨水提供的水分量由於難以掌控，常易發生肥料大量流失的現象，如何預防及補救亦為肥培管理的重要項目之一。咖啡大多種植於坡地或山區，水分供應大多由天然雨水提供，是故如何預防及補救咖啡水分供應不足問題，亦為咖啡肥培管理的重要項目之一。若灌溉水源取得無虞，且土壤排水良好通氣性佳情況下，灌溉方式盡量於咖啡園區設置儲水桶及灌溉設施，灌溉水量及灌溉頻率以土壤濕式管理為主，於土壤排水良好通氣佳情況下，盡量維持咖啡園土壤水分越濕越好（圖 3-12），因土壤越濕，施用之肥料溶解效率越好，肥料施用量可減少，施肥成本可降低。但若土壤排水不良或為砂質地或石礫地保水不易之土壤，則在咖啡根系不浸水的土層深度範圍內或砂質地或石礫地，以少量多次灌溉給水方式，盡量提供咖啡樹充足的水量。再依地形及氣候條件與咖啡生育期，配合適當比率之肥料要素及肥料量，提供咖啡最佳之肥培管理模式，如此咖啡產量和品質可大為提升。反之，若土壤排水良好，但水分供應不足，土壤水分呈半乾濕狀態，則肥料溶解效率降低，肥料施用量及施用成本勢必增加。且咖啡因沒得到充分之水分量及適當量及適當比率之養分，致使咖啡產量或品質無法大幅提升（圖 3-13）。一般較高海拔山區栽種之咖啡，常因水分無法充分供應，導致雖咖啡風味品質高但產量卻一直無法提高。而較低海拔溫度較高之坡地栽植咖啡，雖灌溉水源無虞，但若咖啡供水量不足，養分比率量又調整不佳，不但產量不足且品質不佳可能性亦大增。因此，若能利用價格低廉、不易塞管之簡易噴管管路（如西瓜帶）或噴頭（如玫瑰噴頭）或水鳥等進行噴灌給水（或同時給肥），以供給咖啡栽培適當之水分或肥分，此等噴灌系統尤其在具有簡易設施之咖啡園內進行同時供水及溶解性要素肥料，效果應該大幅優於無噴灌系統之咖啡園區。

圖 3-11　簡易噴灌設備之設置。

圖 3-12　排水狀況良好下，果園充分給水及施用適當比率之肥料量，可促進肥料效率大為提升。

▌圖 3-13　咖啡採收期易因土壤水分乾濕變化太大或氮肥施用量過多導致裂果。

（四）肥料之選擇

　　肥料的種類可說五花八門。以種類區分，有化學肥料、有機質肥料、微生物肥料；以性質區分，有單質肥料、複合肥料、綜合性肥料；以釋放速率區分，有速效性肥料、緩效性肥料。在眾多肥料種類裡，應該挑選何種肥料施用？何種肥料最能讓咖啡達成高產、高品質的目的？在抉擇肥料的種類之前，下列三個原則是必須先明瞭的：

1.　已知作物生長所必需的營養要素有巨量要素：氮、磷、鉀、鈣、鎂、矽，微量元素：鐵、錳、銅、鋅、鉬、硼，及碳、氫、氧（可由空氣及水中取得）。肥料之使用（不論選用任何種類、性質之肥料），其主要目地均在適時、適量地補充作物所不足的營養要素。

2. 除了少數含有毒害物質（如有害重金屬、酚酸等）之肥料外，肥料無所謂優劣，只有各具不同性質之差異而已。例如，化學肥料要素成分含量高、速效，但不當使用容易導致肥傷。有機質肥料含有廣泛之營養要素，緩效，在部分問題土壤中多施可改良土壤理化性質，但肥效較低且難以精確掌控要素比率。

3. 肥料之選擇，務必考量咖啡樹之生育時期、栽種土壤之理化性質及氣候因子之影響。例如在栽種土壤之理化性質方面，若土壤質地為極粗（如砂土、石礫地等）或極細（如重黏土）或結皮質地之土壤，多施用纖維質含量高之有機質肥料以改善土壤理化性質實為良策。在氣候因子之影響方面，例如在高溫高陽的季節栽種咖啡，氮素易致過剩，若選用一般有機質肥料施用，宜添加鉀肥含量高的化學肥料或有機質肥料。

考量上述三項原則後，再依肥料之價格，及個人現有的設備與操作習慣，即可選出適合於個人使用之肥料。

（五）肥力監控

為了讓咖啡樹達成高產、高品質之目的，恆定地維持土壤中適當的要素比率及要素量（即最佳肥力）是必需的。一般說來，最精確的肥力監控方式為，定期（且為短期，須能顧及生育過程中的變因）採取土壤及植體樣本，進行要素分析，如此即可精確地測知土壤及植體中之要素比率及含量。可惜的是，要素分析常須昂貴的儀器及耗去相當多的時間、人力，因此此法常礙滯難行。依據本所張庚鵬研究員多年的田間經驗，應用簡單的 EC（電導度）測定法為田間快速可行之肥力監控法（圖 3-14）。由於土壤的 EC 測定容易（僅需取 1 份土壤，加入 5 份純水攪拌後即可由電導度計測定），而經由電導度值即可粗略得知土壤中之水溶性要素總量。但需先建立 EC 值與肥力之關係式，如土壤 EC 值為某數值時，氮、磷、鉀等要素之濃度為若何，升高或

降低時，各要素之濃度又變化若何，如此，吾人即可直接由土壤之 EC 值來判斷要素之總量，並定出適當肥力之 EC 值範圍。一般若在正常均勻撒施化學肥料的咖啡園中，EC 值（土：水 =1：5）爲 0.25 ～ 0.3 dS/m（或 0.25 ～ 0.3 mS/cm 或 250 ～ 300 μS/cm）即爲適當肥力範圍。但此等肥力監控法須特別注意二項原則。第一：土壤取樣須具代表性；須取適當濕度（最佳栽培之土壤水分）的土樣，且園中之施肥模式爲均勻撒施（若爲條施、溝施、穴施、點施或環施等無法取得代表性土樣）。第二：由於土壤之 EC 值僅表示土壤中要素之總量，並無法表示各要素之比率；因此，當所使用的肥料多樣化（不同肥料之要素比率不同）時，或栽培環境有變動（如大雨使土壤中之氮肥大量釋出）時，即使其 EC 值相同，由於要素比率不同，應有不同的肥力意義界定。即施用不同性質肥料所測出之 EC 值意義界定不同。例如，化學肥料大體皆爲水溶性肥料，有機質肥料大多爲緩釋型肥料，若二者施用等量的要素成分，施用化學肥料之土樣 EC 測值定高於施用有機肥料者。

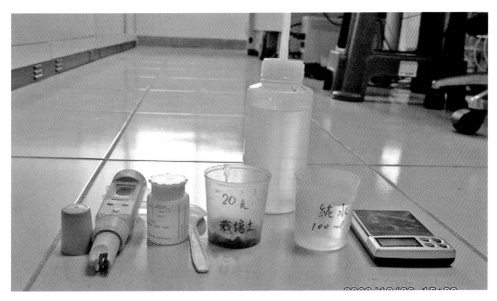

▌ 圖 3-14　土壤簡易電導度值（EC）測定組。

四、有機質肥料之合理化施用

（一）有機質肥料的特性與種類

有機質肥料具有體積蓬鬆、富含有機質及作物所需養分元素的特性，在部分物理性特殊的土壤（如砂質土或黏土），施用可適度改善土壤物理性及化學性，並提供作物生長之部分養分。然而，有機資材種類繁多、成分各異且養分釋出特性不同，即使商品名稱相同之有機質肥料，肥效也會隨原料成分而異。因此，在施用前有必要對其特性進一步了解，並充分配合作物的生理需求及土壤環境特性，方可確實掌握其施用技術達到提高品質、增加收益、減少環境汙染的目的。有機質肥料中含有的作物所需養分主要是以有機型態存在，但作物根系可吸收的養分乃以無機型態爲主，所以有機質肥料施用到土壤中必須先經過微生物分解釋放出其中的無機養分才能供給作物吸收利用。有機質肥料的分解主要受環境因子及其組成分兩個因素影響。一般來說，在自然環境中溫度越高、水分充足、通氣及酸鹼值適宜，則有機質肥料分解快。另外，有機質肥料組成分中則以全氮含量及碳氮比影響分解最大，一般全氮含量越高、碳氮比越低者，分解越快。

目前農民常用有機質肥料主要有：作物殘體、綠肥、自製堆肥及市售有機質肥料。其中市售有機質肥料則以禽畜糞、油粕類（如大豆粕、芝麻粕）及農作物殘體爲主要製造原料。油粕類肥料爲油料作物榨油之後的渣粕，富含蛋白質，故全氮含量高（約 5 ～ 7%），但幾乎全爲有機氮，施用之後必須經過一段微生物分解的遲滯期之後才會有無機氮素釋出。氣溫越高、水分越充足、肥料越細及與土壤混合越均勻氮釋出越快。由於全氮含量高且碳氮比低（約爲 7 左右）易分解，所以可釋出大量無機氮，肥分高。然而，後作殘餘肥效較低，也需留

意氮素大量釋出時（若施用於果園、茶園或咖啡園約 3～5 個月後）肥分可能過高的問題。禽畜糞及堆肥類肥料全氮略低於油粕類肥料（約 1～4%），碳氮比隨成分來源及腐熟程度而異（約 7～20），一般含有一定量的原始無機態氮，故施用後即可有氮素供應作物吸收，加上會有一段為期不短的氮穩定釋出期，因此其氮肥的供應應屬於穩定且持續型，肥效可持續幾個月以上。綠肥大多以豆科作物為主，農民常用者有田菁、苕子、埃及三葉草等全氮含量約為乾重之 2% 上下，非豆科綠肥最常見者為油菜，全氮含量約為乾重之 4～5%，碳氮比因作物種類及植株成熟度而異。綠肥作物一般都是等生長到生質量夠多便犁入農田，所以較一般作物殘體鮮嫩多汁，有較低的碳氮比，易於分解，氮素釋出快，肥效快而殘效低。作物殘體類有機肥主要包括稻草、稻殼、花生殼、蔗渣、樹皮、木屑等全氮含量在 1% 以下，碳氮比高（多在數十至數百之間），纖維質多，不易分解，氮素釋出少，肥分低，施用初期微生物繁殖，甚至需由土壤環境中獲取無機氮素，常造成和作物搶氮的現象。

（二）有機質肥料的選擇與施用量

　　隨著施用目的不同，應選擇不同的有機質肥料，一般可以碳氮比作為選擇參考。若為提供氮素者，需選碳氮比在 30 以下的肥料，碳氮比越低者氮素供應越多。若為了改善土壤通氣或排水性者（如黏重土），則應選擇碳氮比較高的肥料。使用自製或非市售有機質肥料，可以根據一般使用經驗或前述幾類有機質肥料的特性加以選擇。如果使用市售有機質肥料，由於全碳含量約占有機質的 40～50%，農民可以肥料袋上的全氮及有機質含量自行計算，計算方法為將有機質含量除以 2 得到全碳含量，再除以全氮含量，即可得到粗估的碳氮比。例如：以有機質含 60%、全氮量 1.5% 的資材而言，其碳氮比約為

$60 \div 2 \div 1.5$，大約爲 20 左右。

　　有機質肥料的施用量一般可以用過去使用經驗及參考土壤導電度值來決定。一般豬糞堆肥肥效的估算，是以所含總氮素的 1/2 爲可釋出氮量，牛糞堆肥氮素釋出較少，故可以總氮的 1/3 來估算。也就是說，假設咖啡化學氮素用量爲每公頃 100 公斤，如果施用豬糞堆肥，就必須施用 200 公斤的全氮，施用牛糞堆肥則需施 300 公斤的全氮。泥炭等資材由於含氮量低，一般多用來改善土壤物理性，可不必考慮其肥分。

　　土壤導電度值是土壤總鹽類含量的表現，也可以視爲土壤中作物總營養元素含量的參考值，因此，藉由土壤的導電度值也可以幫助我們了解土壤的肥力狀況。測定方式爲取田間濕潤的土壤，加入 5 倍重量的去離子水或蒸餾水或純水，攪拌均勻以後以電導度計測定即可，相當簡便快速。一般而言，施用化學肥料的咖啡土壤，電導度值約在 $0.2 \sim 0.3$ dS/m。而以施用有機質肥料爲主的咖啡土壤，因土壤有機質含量較高，可陸續分解釋出營養元素，所以適合的土壤導電度值應約降低 $20 \sim 30\%$（電導度值約在 $0.15 \sim 0.25$ dS/m）。若所測得咖啡土壤導電度值等於或大於上述標準，則可不必施肥，若未達標準值應依不足的比例增減施肥量，以達合理施肥的目的。

（三）有機質肥料施用時期及施用方法

　　有機質肥料養分釋出隨環境及氣候因子而異，咖啡不同生長期對養分之需求量不同，由於有機質肥料需經土壤微生物分解後才能釋出所含的無機養分，所以必須與土壤充分混合才容易放出肥分，施用方法在平地建議以表面撒施後，翻犂入土充分混合爲宜。若在坡度大沖刷嚴重地區，可以將肥料袋割開一條縫，整包放在作物的上坡處，讓肥分隨雨水或灌溉水緩慢流至作物根系，雖然效果較差，但也不失爲

特殊地形下的權宜施用法。另，爲讓所施用之有機質肥料達成最高效率的咖啡生產量，得先明瞭栽植咖啡土壤之理化性質、咖啡生育特性，參酌不同生育時期（營養生長期、生殖生長期等）、配合氣候（光照強弱、溫度高低或雨量多寡等）及灌溉方法等因子，選用適當的有機質肥料，以正確的施用法施入正確的肥料量。接著，以一套簡單而實用的方法來進行肥力監控，可以隨時掌握肥力變化情形，給予適當的肥料補充。

1. 在粗質地土壤（如砂質土、石礫地等）栽種咖啡，由於土壤之保水保肥力均弱，宜先選擇富含纖維質之難分解型有機質肥料，以改善土壤之理化性質；再搭配部分高養分含量之易分解型有機質肥料，以提供作物充足之養分。難分解型有機質肥料之施用法宜採全面撒施混拌，且爲防止肥料流失，宜逐年施用。施用量約每公頃每年 10～20 噸，連續施用 5～10 年以上。易分解型有機質肥料之施用法及施用量則應參酌其他因子，依實際狀況再作決定。

2. 在坋質粒含量高、團粒結構不佳之土壤栽種咖啡，容易在大雨襲打或高水位淹灌後，土壤表層結成一層硬皮。當結皮現象發生時，施於土表的肥料就不亦爲作物所吸收，根系也因通氣不良而生育不佳。克服此種結皮現象即可選用難分解型有機質肥料，其施用法採用全面撒施混拌，施用量每公頃約爲 50～100 公噸，可維持 3 年以上之改善效果。

3. 低海拔之平地或山坡地施用有機質肥料，由於氣溫較高，咖啡樹易發生潛在性缺鉀或缺鈣，導致咖啡品質風味變差，咖啡果實結實度變差或果實內果仁黑化，因此可選擇一半禽畜糞堆肥及一半含鉀量高之有機質肥料（如棕櫚灰）及石灰資材改善潛在性缺鉀或缺鈣。尤其在咖啡結果中後期至採收期，更需注意含鉀量高之有機質肥料的補充。而高海拔之山區，因氣溫低，日夜溫差大，可選擇含氮、磷、鉀三要素較平均之有機質肥

料，冬天因低溫，咖啡生育速度緩慢，可選擇含氮較高之有機質肥料，促進咖啡生長發育。

（四）有機質肥料施用注意事項

有機質肥料種類繁多，成分複雜，除了上述施肥原則以外，施用時尚有許多細節需加以留意：

1. 無水即無肥。有機質肥料施於土壤中需經過分解才能釋出作物所需養分，且分解過程要有充足的水分，故施用後要注意田間適度水分的維持，以確保養分釋出。

2. 未經腐熟的有機質肥料施用之後會在土壤中繼續分解，分解的過程會耗掉土壤中的氧氣並產生有害的中間產物（如有機酸），對咖啡根系造成傷害。因此，有必要提前施用，經過部分分解後再種作物，以免造成對咖啡的傷害或是初期養分不足的現象。例如綠肥等新鮮資材，至少須於作物種植 2 週前即施用。排水不良的土壤通氣性差，更應避免一次施用多量生鮮有機質肥料。

3. 作物不同生長時期對養分之需求量不同，有機質肥料養分釋出特性各異，很難完全符合咖啡全生長期的需求，若能在適當時期搭配化學肥料使用，將更符合經濟效益。

4. 有機質肥料相較於化學肥料，肥效可維持較長的時間。因此，施用時不能只考慮單作的需要量，應配合土壤肥力診斷，把前作的殘留量也一併計算。

5. 有機質肥料的施用量一般常以氮素含量來推估，但許多資材中含有相當量的磷，作物對磷的需求量較少，故常造成磷的累積。此外，部分有機質肥料含有重金屬，長期施用會造成重金屬的累積甚至毒害。因此在肥料的選用上最好能以不同原料者互相搭配，勿長期使用同一種有機質肥料。

參考文獻

Ludwig E. Muller. 1966. Temperate to Tropical Fruit Nutrition. p.685-776. Norman F. Childers Editor Horticulture Publications; Rutgres – The State University, New Brunswick, New Jersey.

王培蓉 . 2017. 氣候變遷的混農林調適策略─林蔭咖啡與山村林業的思考 . 農業生技產業季刊 52:6-16.

林毓雯、張庚鵬、王鍾和 . 2006. 有機質肥料之合理化施用 . 豐年第 56 卷第 19 期 . p.50-55. 豐年社 . 臺北市 .

張庚鵬、李艷琪 . 2003. 植物營養生理障礙診斷鑑定 . 植物重要防檢疫病害診斷鑑定技術研習會專刊 (二). p.1-9. 行政院農業委員會動植物防疫檢疫局 . 臺北 .

張庚鵬、張愛華 . 1997. 蔬菜作物營養障礙診斷圖鑑 . 臺灣省農業試驗所特刊第 65 號 . 臺灣省農業試驗所 . 臺中 .

張庚鵬、李艷琪、黃維廷、林毓雯、劉禎祺 . 2005. 作物之合理化肥培管理 . 合理化施肥專刊 . p.135-146. 農業試驗所特刊第 121 號 . 臺灣省農業試驗所 . 臺中 .

張淑芬、楊宏仁、劉禎祺、林明瑩 . 2011. 咖啡栽培管理 . 行政院農業委員會農業試驗所 . 臺中 .

04

咖啡病蟲害管理

倪蕙芳、陳柏宏

　　咖啡栽培過程中，除須考量肥培、整枝以外，亦會面臨到病蟲害的問題。臺灣由於地處亞熱帶，氣候高溫且多濕，因此病蟲害種類繁多。咖啡自 1884 年引入臺灣後，至目前為止有紀錄的病害種類計有銹病、褐眼病、炭疽病、赤衣病、煤煙病、苗枯病、立枯病（即褐根病）、根瘤線蟲及根腐線蟲等，蟲害種類則包含咖啡果小蠹、東方果實蠅、咖啡木蠹蛾、介殼蟲類、蚜蟲類及潛葉蠅等。其中，病害以銹病、褐眼病及炭疽病為咖啡栽培中最重要的病害，咖啡果小蠹與東方果實蠅則是首要關鍵的兩大蟲害。因此，本章節針對此五種在臺灣常見的咖啡重要病蟲害，介紹其生態特性及防治策略，供讀者於咖啡栽培上可更準確地管理病蟲害，以提升咖啡產量與品質。

一、咖啡銹病 Coffee Rust

病原菌學名

大多數咖啡產區銹病之病原菌爲 *Hemileia vastatrix*，少部分中非及西非海拔較高及較冷之區域之銹病有 *Hemileia coffeicola* 引起之報告，臺灣的咖啡銹病仍以 *Hemileia vastatrix* 爲主。

分類地位

咖啡銹病菌 *Hemileia vastatrix* 爲眞菌界（Fungi）：擔子菌門（Basidiomycota）：柄銹菌綱（Pucciniomycetes）、駝胞銹菌屬（*Hemileia*）眞菌。

危害徵狀

初受咖啡銹病菌感染的咖啡葉片，葉面會呈現褪綠或淡黃色斑點（圖4-1），初期翻開葉背並無明顯顏色變化，待感染較爲嚴重時，葉面會有數個黃色病斑癒合的現象，此時病斑處發生葉面褐化，翻開葉背會有桔黃色胞子堆聚集的現象（圖4-2），嚴重感染時葉子容易落葉，進而造成植株衰敗。

▌圖4-1　咖啡銹病葉面病徵，呈現褪色黃斑點，

圖 4-2　感染咖啡銹病菌後，葉背產生大量的桔色粉狀夏胞子堆。

發生生態

　　菌絲呈棍狀，一般在葉背上所看到的桔黃色胞子堆爲其夏胞子（Urediospore）堆，夏胞子略呈現腎形，在胞子凸面上有半邊小刺，另一面則爲光滑狀，大小約 26 ～ 40 × 18 ～ 28 μm，也是田間傳播之主要感染源（圖 4-3、圖 4-4）。夏胞子一定要在有游離水存在的情形下方能發芽進行侵染，與一般眞菌在高濕度下即可發芽不同，在有游離水及 25℃的環境下，約 6 小時發芽率接近 80%，發芽適合溫度範圍爲 15 ～ 35℃。

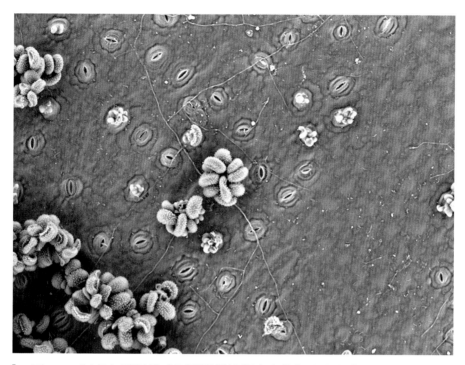

▎圖 4-3　以桌上型掃描式電子顯微鏡觀察產生於咖啡葉背氣孔上之銹病菌夏胞子堆。

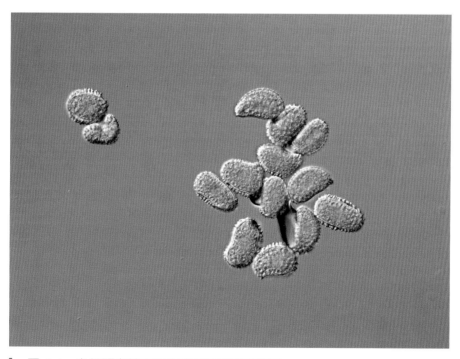

▎圖 4-4　光學顯微鏡下的咖啡銹病菌之夏胞子。

銹病菌爲絕對寄生菌，必須在活體寄主上方能進行繁殖，當銹病菌胞子落於咖啡葉發芽後，由咖啡葉片葉背之氣孔進行感染，所產生之菌絲於細胞間隙擴展，並產生吸器（Haustoria），穿入植物細胞內吸取植物葉片養分，於適當環境下，於感染後 10 ～ 14 天，可於氣孔產生新一代的夏胞子繁殖體，此些夏胞子主要經過風、雨的傳播，可以再度侵染咖啡植株葉片，單一病斑大小可持續擴展 2 ～ 3 週，一個病斑大約可以產生 4 ～ 6 代的胞子，於 3 ～ 5 個月內約可產生 30 萬個夏胞子，在環境適合時不斷的重新感染葉片組織，造成嚴重的流行病發生及落葉，此外，由於銹病菌爲絕對寄生菌，因此在落葉上的夏胞子大概僅能存活 6 週（圖 4-5）。

隨風及雨水飛濺至葉片

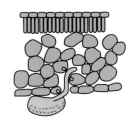

胞子落在健康葉片之葉背
由氣孔侵入

夏胞子

罹病咖啡葉組織

圖 4-5　咖啡銹病傳播途徑。

防治策略

1. 抗病品種

咖啡銹病的防治以抗病品種之選育為主，目前的臺灣並無相關抗銹病咖啡品種研究，於 1956 年嘉義農業試驗分所朱慶國主任從夏威夷引進之 HAES 6550（Kent）為較為耐病之咖啡品種，此品種當時普遍在雲林一帶推廣，但以臺灣高溫多濕，降雨多的氣候條件，且一般栽培咖啡的農友多採粗放、有機或友善種植，加上近年來受到氣候變遷的影響，銹病的發生未來仍可能是一大威脅，栽培的管理者須密切監測田間栽種的植株是否有銹病發生，及早防治。

2. 寬行栽植、適當修剪

加強通風與日照，避免游離水存在的時間過久，以減少銹病胞子發芽的機會，進而降低病害發生的機率。

3. 化學防治

目前國內並無推薦藥劑可供防治，但以「嘉義農業試驗分所」發表的報告顯示，於雨季來臨前進行 4-4 式波爾多液（銅劑）的施用，應可大幅度降低咖啡銹病的發生，使用時機可在採收後，整枝修剪完成進行田間清園使用，以降低感染源，切記勿使用在需製成咖啡葉茶及已近採收期之果實，避免銅劑殘留。

二、咖啡褐眼病 Coffee Brown Eye Spot

病原菌學名

Cercospora coffeicola Berkeley & Cooke 咖啡生尾孢菌

分類地位

Cercospora coffeicola 為眞菌界（Fungi）：子囊菌門（Ascomycota）：座囊菌綱（Dothideomycetes）：球腔菌科（Mycosphaerellaceae）：尾孢菌屬（*Cercospora*）眞菌。

危害徵狀

本病原菌可以於咖啡葉片、咖啡未成熟果（Green Berries）及成熟果（Red Cherries）造成病徵。在葉片之病徵初爲圓形小褪色斑，後逐漸擴大成具有小針點灰或白色的圓心褐色斑，有些病斑外圍會有顯著黃暈（圖 4-6），病斑隨著擴大彼此癒合後，會形成大面積褐色斑，造成葉枯，並引起落葉。在未成熟咖啡果實上之病徵，一開始爲水浸狀小點，後漸擴大爲褐色，大部分呈現縱長型，不規則形或卵形斑，常會造成果實提早成熟轉紅，而形成外圍亮紫紅色之病徵（圖 4-7）。而在成熟果上之病徵爲果實呈現褐色斑，常與炭疽病病斑混淆，需專業人員鏡檢方能確認。

▌圖 4-6　咖啡褐眼病葉部病徵。

▌圖 4-7　咖啡褐眼病果實病徵。

發生生態

1. 病原菌特性

　　大部分菌株在馬鈴薯葡萄糖煎汁培養基（PDA）培養時，生長緩慢，不易產生胞子，大多維持菌絲生長狀態，菌落正面爲橄欖綠近灰黑色菌落，培養菌絲面會有皺褶，背面爲黑色，有些菌落會有明顯的紅色色素產生，分生胞子爲倒棍棒形、無色、直立或稍彎曲、頂部近鈍、基部圓錐形平截、有隔膜，隔膜數目不定（圖 4-8）。本病原生長溫度爲 20 ～ 30℃，其中以 25℃爲最適生長溫度，胞子於 20 ～ 35℃有游離水 6 小時的情況下，可達 90% 左右的發芽率，但 10℃及 40℃則不利於發芽。

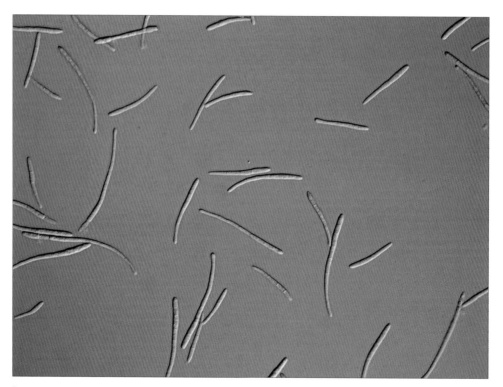

▎圖 4-8　咖啡褐眼病菌分生胞子。

2. 病害環

　　病原菌胞子可由葉背氣孔感染，或葉面傷口感染，於適當環境下，本病原菌在葉片上下表皮均會著生叢生胞子梗，下表皮之叢生胞子梗構造多由氣孔產生（圖4-9），上表皮則多位於組織壞疽處（圖4-10）。此些分生胞子藉由風雨可進行傳播與作為下一階段的田間感染源（圖4-11）。

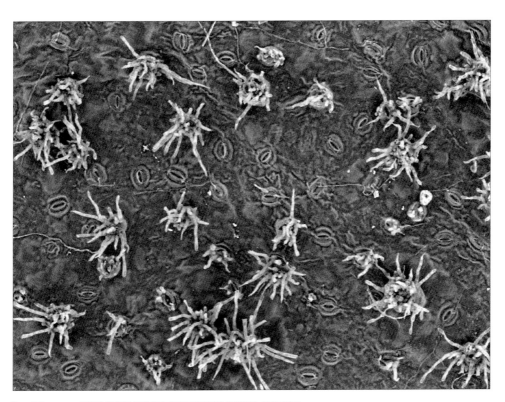

▌圖 4-9　咖啡褐眼病菌在咖啡葉背之叢生胞子梗。

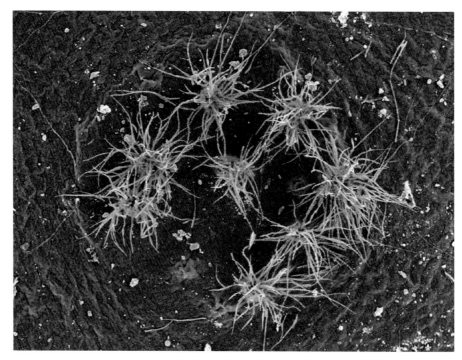

圖 4-10 咖啡褐眼病菌在咖啡葉面之叢生胞子梗。

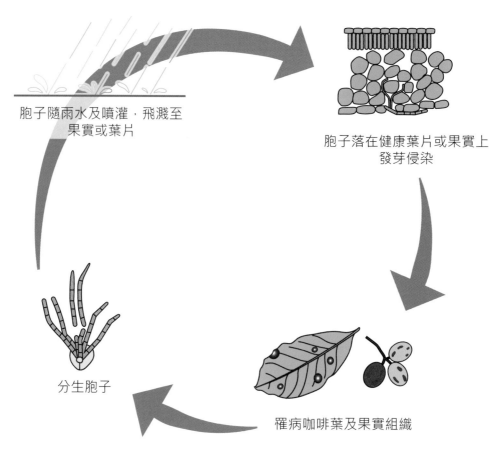

胞子隨雨水及噴灌，飛濺至果實或葉片

胞子落在健康葉片或果實上發芽侵染

分生胞子

罹病咖啡葉及果實組織

圖 4-11 咖啡褐眼病傳播途徑。

防治策略

1. **維持咖啡樹健康樹勢**

    由於咖啡褐眼病的發生與田間栽培管理極爲相關，因此維持咖啡植株適當營養相當重要，由於咖啡植株於氮肥及鉀肥缺乏的情形下會加重本病害發生，因此建議定期咖啡樹組織及土壤進行營養成分分析，但並不建議過多的氮肥使用，因爲本病害較易感染新梢，氮肥太多導致新梢過多會加重其感病程度。

2. **避免生長逆境**

    避免植株受到水分、營養及病蟲害等逆境，並維持良好排水，避免根系腐敗。

3. **勿使用殺草劑**

    避免使用除草劑，以免傷害咖啡樹體，特別是嘉磷賽（Glyphosate）類殺草劑之危害，以維持植株良好抗病性。

4. **田間衛生**

    去除罹病病葉及果實殘體，移除至田間之外。

5. **適當遮蔭**

    由於 *Cercospora coffeicola* 產生之毒質屬於光活化毒質，因此維持咖啡樹 35 ～ 65% 的遮蔭，可以減緩毒質產生，降低病害嚴重度。

6. **水分控制、加強通風**

    發病田區，避免上方噴灌、避免在植株仍有水分或露水時工作、適當修剪增加通風，以上均可避免胞子的傳播及感染。

7. **化學防治**

    適度使用殺菌劑，保護新生葉，在夏威夷防治此病害的殺菌劑爲銅劑，建議在乾燥氣候無風時施用，大約開花後，每個月施用 1 次，

銅劑爲保護性藥劑，因此施用原則一定要覆蓋整棵樹的新生葉片，方能具有保護效果，臺灣目前尙無針對咖啡褐眼病防治之推薦藥劑，但「嘉義農業試驗分所」研究顯示，目前推薦在咖啡炭疽病防治之百克敏及得克利兩種藥劑分別對褐眼病菌之胞子發芽與菌絲生長具有良好抑制效果，可參考使用，但需特別注意安全採收期。

三、咖啡炭疽病 Coffee Anthracnose

病原菌學名

咖啡炭疽病分為由 *Colletotrichum gloeosporioides* 引起的一般型果實炭疽病及由 *Colletotrichum kahawae*（目前臺灣尚未發現此病原菌）引起的咖啡漿果炭疽病。

分類地位

咖啡炭疽病菌為子囊菌門（Ascomycota）、糞殼菌綱（Sordariomycetes）、小叢殼科（Glomerellaceae）、炭疽刺盤胞菌屬（*Colletotrichum*）真菌。

危害徵狀

咖啡一般型果實炭疽病，病斑於果實成熟時出現，受危害果實初期病徵為小水浸狀斑，繼而轉為褐色且下凹的大型深褐色斑塊（圖 4-12），1 週內覆蓋整個果實，潮濕下病斑出現鮭魚色胞子堆，含有大量的分生胞子（圖 4-13），當感染葉片時，葉片會呈現褐色病斑，大多會在葉緣發生（圖 4-14）。而咖啡漿果炭疽病除會直接危害尚未成熟的咖啡果實外，亦會感染成熟果實，造成褐黑色塊斑，引起果實腐爛，造成嚴重的產量損失，但此病原菌鮮少在葉片上造成病斑。

▌ 圖 4-12　咖啡果實感染一般型炭疽病菌病徵，病斑呈現褐化凹陷。

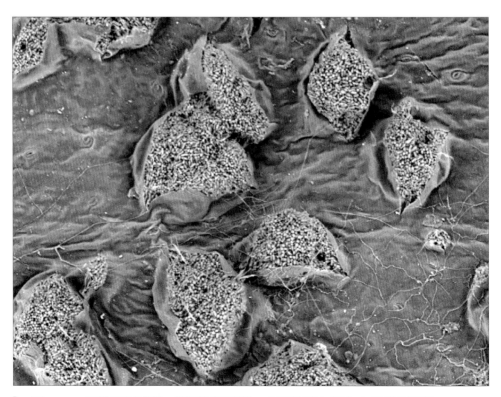

▌ 圖 4-13　咖啡果實感染一般型炭疽病菌，在罹病果上產生大量分生胞子。

▌ 圖 4-14　咖啡葉感染一般型炭疽病之病徵。

發生生態

1. 病原菌特性

　　咖啡果實一般型炭疽病菌 *Colletotrichum gloeosporioides* 在培養基上之菌落形態呈現多樣化型態，菌落正面有些具有氣生菌絲，多數為白色，部分菌株會產生橘色分生胞子堆。與其他果實炭疽病類似，均為高溫多濕時較易發生，並且具有潛伏感染的特性，而咖啡漿果炭疽病則雖未於臺灣發現，但根據國外研究顯示，其病原菌較喜於低溫高濕下感染咖啡未成熟果實，開花後 4 ～ 14 週的果實均會受其感染，造成大量的產量損失，因此，在臺灣，高山栽培的咖啡果實須特別監控是否有本病害的發生。

2. 病害環

炭疽病病原菌會存活在田間罹病組織（葉、果）及田間地面的罹病果實殘體內，於高濕環境中所產生的分生胞子，經由雨水噴濺至植株葉片或果實上，於花後至結果期侵入，特別於果實有傷口、遭遇生理逆境或紅熟時才出現病徵，並進而繁殖大量的感染源胞子，藉由水分、昆蟲等為媒介，繼續於田間進行再次循環傳播（圖 4-15）。

防治策略

1. 改善咖啡園環境，增加通風，降低環境水分殘留的時間，並進行田間衛生管理。
2. 維持樹勢健康度，合理化施肥並適當遮蔭，減少日燒。
3. 進行田間監測，合理使用推薦藥劑。推薦藥劑請參考農藥資訊服務網 https://pesticide.aphia.gov.tw/information/。

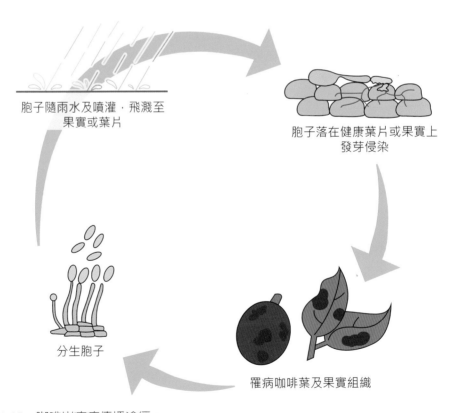

胞子隨雨水及噴灌，飛濺至果實或葉片

胞子落在健康葉片或果實上發芽侵染

分生胞子

罹病咖啡葉及果實組織

圖 4-15 咖啡炭疽病傳播途徑。

參考文獻

倪蕙芳、林靜宜、吳昭蓉。2020。咖啡褐眼病之發生與防治藥劑篩選。
台灣農業研究。69 (3): 241-254。

倪蕙芳、許淑麗、賴素玉、張淑芬、林靜宜。2021。4-4 式波爾多液對
咖啡銹病防治效果評估。台灣農業研究 70 (1):43-53。

張淑芬、楊宏仁、劉禎祺、林明瑩。咖啡栽培管理。農業試驗所特刊
157 號。37 頁。

Arneson, P.A. 2000. Coffee rust. The Plant Health Instructor. DOI: 10.1094/
PHI-I-2000-0718-02

CABI. *Colletotrichum kahawae* (coffee berry disease). 2021. https://www.
cabidigitallibrary.org/doi/10.1079/cabicompendium.14916

Gaitán, A. L., Cristancho, M. A., Castro Caicedo, B. L., Rivillas, C. A., &
Gómez, G. C. (Eds.). (2016). Compendium of Coffee Diseases and
Pests. https://doi.org/10.1094/9780890544723

Nelson, S.C. 2008. Cercospora Leaf Spot and Berry Blotch of Coffee.
https://www.ctahr.hawaii.edu/oc/freepubs/pdf/PD-41.pdf

Silva, Maria do Céu & Várzea, VMP. (2006). Coffee Berry Disease
(*Colletotrichum kahawae*). http://dx.doi.org/10.13140/RG.2.1.4247.3205

四、咖啡果小蠹 Coffee Berry Borer

學名

Hypothenemus hampei (Ferrai, 1867)

分類地位

昆蟲綱（Insecta）：鞘翅目（Coleoptera）：象鼻蟲科（Curculionidae）。

寄主

阿拉比卡咖啡（*Coffea arabica* L.）及羅布斯塔咖啡（*Coffea canephora* Pierre ex A. Froehner）為主。

危害徵狀

雌成蟲會蛀食咖啡果實（圖4-16），一般於咖啡果臍部位以口器鑽蛀隧道至胚乳（即咖啡豆），並於蟲道內產卵。幼蟲孵化後即以胚乳為食，所鑽蛀的孔道會造成咖啡豆喪失商品價值（圖4-17、圖4-18），亦容易造成其他微生物入侵感染，導致咖啡豆褐化、腐爛。

▌ 圖 4-16　咖啡果小蠹危害果。

圖 4-17　蟲蛀咖啡生豆。

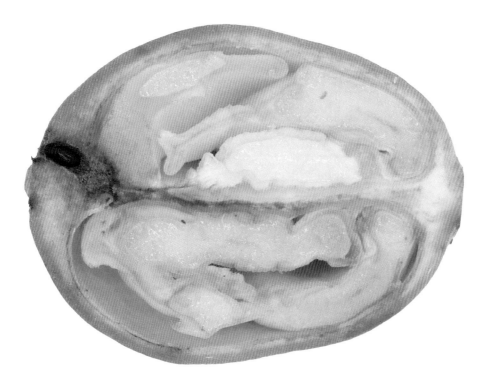

圖 4-18　咖啡果小蠹危害果剖面圖。

發生生態

　　咖啡果小蠹體型細小，成蟲體長不到 2 公釐（圖 4-19），屬於完全變態昆蟲，整個生活史皆於咖啡果實內完成，生活史包含卵期、幼蟲期（共兩齡期）、蛹期及成蟲期（圖 4-20）。

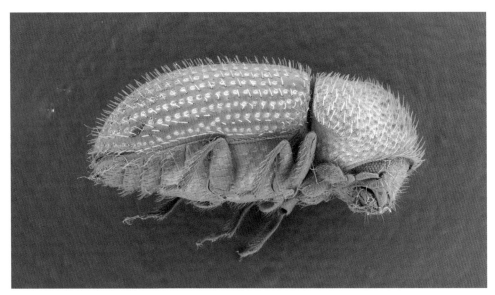

▌圖 4-19　咖啡果小蠹電子顯微鏡放大圖。

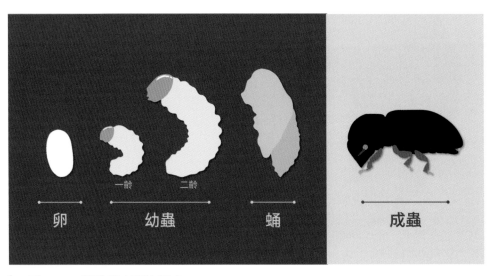

一齡　　二齡

卵　　　幼蟲　　　蛹　　　成蟲

▌圖 4-20　咖啡果小蠹生活史。

　　一般而言，雌蟲約於咖啡幼果期（果長約 1 公分）即開始危害果實（圖 4-21），但此時果實胚乳含水量過高而不適合利用，因此雌蟲通常蛀食至咖啡果肉（中果皮）或稍微啃咬至胚乳後即停止活動，且待胚乳發育至合適的成熟度（乾物重約 20% 以上）再繼續鑽蛀孔道並產卵。除了未成熟的咖啡幼果，成熟果、樹上乾果及地上落果亦會受此蟲危害（圖 4-22）。

▎圖 4-21　咖啡果小蠹於幼果期即開始危害。

▎圖 4-22　遭蟲蛀的咖啡樹上乾果。

　　咖啡果小蠹發育速率受環境溫度影響甚大，以 20 ～ 30℃較適合蟲體發育，於此溫度範圍下約 3 ～ 7 週可完成一個世代。由於咖啡果小蠹以咖啡為主要寄主植物，因此每年發生的世代數隨著田間咖啡樹物候而定。以栽培阿拉比卡咖啡的園區而言，此害蟲一年大約會有 3 ～ 4 個以上的世代發生，但倘若環境中殘存較多咖啡乾果等孳生源可供害蟲繁衍，則年世代數將可能增加。

防治策略

1. 田間衛生

　　田間衛生是咖啡果小蠹整合管理中最有效且重要的一項防治措施，此技術也普遍運用於夏威夷、中南美洲等咖啡產區。顧名思義，田間衛生就是落實咖啡園區內衛生管理，盡可能清除各種咖啡果小蠹可利用的孳生源，達到減少害蟲族群的目的。由於咖啡果小蠹多藏匿於咖啡果實內，因此舉凡咖啡樹上的蟲蛀果、過熟果及乾果，甚至地上的落果，皆應定期清除並銷毀（圖 4-23）。由於咖啡果小蠹雌蟲可於咖啡果實內存活許久，故建議應於咖啡產季最後一次採收時進行大規模清園，移除樹上殘留的咖啡果實，減少下一個產季的害蟲數量。

2. 生物防治——白殭菌

　　白殭菌〔 *Beauveria bassiana* (Balsamo) Vuillemin 〕是一種會感染昆蟲、蟎類等節肢動物的蟲生真菌，寄主種類亦涵蓋咖啡果小蠹。由於白殭菌感染蟲體後會造成昆蟲殭死，而白色的菌絲及孢子會逐漸包覆昆蟲體表，遂被稱作白殭菌。白殭菌常在咖啡果小蠹蛀食果實的時候感染蟲體，因此偶爾可在蟲蛀果的蟲孔處觀察到一團白色物體，此即可能是遭白殭菌感染的雌蟲（圖 4-24）。根據筆者在國內的調查，臺灣不少咖啡產區皆有自然發生的白殭菌族群，但發生程度依據環境氣候、園區管理模式等因素而有所不同。

▌ 圖 4-23　樹上乾果可能成為下個產季的孳生源。

▌ 圖 4-24　蟲蛀孔處被白殭菌感染的咖啡果小蠹。

白殭菌爲極具應用性的咖啡果小蠹病原微生物，在夏威夷、中南美洲等咖啡產區，已將白殭菌商品化製劑廣泛應用於防治此咖啡害蟲。然而，國內尚無登記於防治咖啡果小蠹的白殭菌商品，因此「嘉義農業試驗分所植物保護系」研究團隊目前致力於發展適合臺灣本土的白殭菌商品，以供國內咖啡產業應用。

3. 監測指標及方法

監測目的是爲掌握害蟲於田間的發生狀況，以利於在最佳時機啓動防治措施，同時也可藉由監測結果評估防治成效，提升蟲害防治效益。咖啡果小蠹於田間發生狀況之判別，大多依據果實蟲蛀率、雌蟲入侵階段或雌蟲數量作爲監測指標。

⑴果實蟲蛀率：果實蟲蛀率可最直接得知田間害蟲危害狀況，調查上可依據哥倫比亞的國家咖啡研究中心（Cenicafé）建立的取樣方法——30 棵樹取樣法。每公頃隨機選擇 30 棵咖啡樹，每棵樹取樣 1 個結果枝（未熟果數量至少 30 顆以上），並計算受咖啡果小蠹危害的未熟果數量，最後再將數據換算爲蟲蛀率。

⑵雌蟲危害進程：接續前述於調查蟲蛀率所選擇的 30 棵咖啡樹，每棵樹各別選取 3 ～ 4 顆蟲蛀果（共計約 100 顆），再將果實剖開以調查每顆蟲蛀果內雌蟲的危害進程。一般咖啡果小蠹雌蟲於咖啡果實的危害進程可被劃分爲 A ～ D 共四個階段，分別爲 (A) 雌蟲開始鑽蛀果實，但蟲體未完全沒入果實；(B) 雌蟲已蛀入果實，但僅位於果肉部位，尚未危害至胚乳；(C) 雌蟲已開始蛀食胚乳；(D) 雌蟲已產下子代（圖 4-25）。此外，可依咖啡胚乳被危害與否爲基準，將四個階段簡化爲 AB 及 CD 兩群，以區分雌蟲危害前期及後期。

當雌蟲於 AB 階段時，因蟲體仍位於蛀孔附近而尚未深入內部，較容易接觸到藥劑等防治資材，且此時咖啡豆尚未受到損害，

因此是較佳的用藥時機。相反地，若於 CD 階段，藥劑則不易觸及到蟲體，咖啡豆亦已遭蟲蛀，此時進行防治則無太大效益。

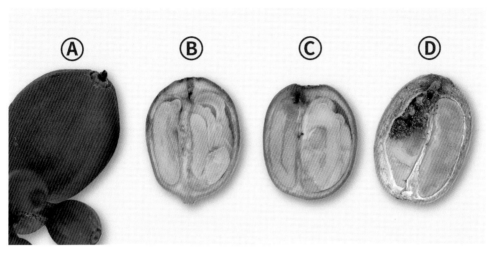

▌ 圖 4-25　咖啡果小蠹雌蟲危害進程。

(3)雌蟲數量：田間雌蟲數量也是一項可用於推斷咖啡果小蠹族群數量的參考指標，由於甲醇及乙醇混合後對咖啡果小蠹具有極佳的誘引效果，因此可搭配誘蟲器以調查害蟲族群密度（圖4-26）。值得注意的是，咖啡果小蠹雄蟲翅膀、眼睛皆退化，所以誘蟲器可誘捕到的都是具飛行能力的雌蟲。目前研究顯示甲醇、乙醇以 3：1 或 1：1 比例混合成的誘引劑對雌蟲誘引效果較佳，因此可按此比例自行調配誘引劑。誘蟲器建議吊掛於咖啡結果枝等高的位置，一般介於 0.5 ～ 1.5 公尺左右的範圍，若位置過高則可能減弱誘引效果。值得注意的是，誘捕蟲數有時無法實際反映田間蟲害狀況，因此應同時搭配蟲蛀率調查較為準確。

圖 4-26　誘蟲器可作為監測咖啡果小蠹族群密度的工具。

五、東方果實蠅 Oriental Fruit Fly

學名

Bactrocera dorsalis (Hendel, 1912)

分類地位

昆蟲綱（Insecta）：雙翅目（Diptera）：果實蠅科（Tephritidae）

寄主

咖啡（*Coffea* spp.）、芒果（*Mangifera indica*）、蓮霧（*Syzygium samarangense*）、番石榴（*Psidium guajava*）、月橘（*Murraya exotica*）、欖仁（*Terminalia catappa*）等多種作物及野生植物。

危害徵狀

雌蟲偏好將卵產於成熟的咖啡果實內，幼蟲孵化後以果肉為食，造成果肉褐化、腐爛而成糜狀質地，幼蟲危害初期果皮局部外觀呈褐色水浸狀，後期則可能整顆果實褐化及凹陷（圖 4-27、圖 4-28）。儘管幼蟲不會直接危害咖啡豆，但由於會造成果實腐壞，因此會間接影響咖啡豆品質。

▌ 圖 4-27　東方果實蠅危害果。

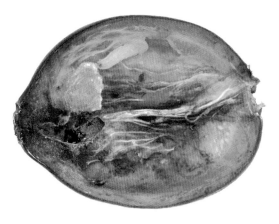

▌ 圖 4-28　同時遭咖啡果小蠹與東方果實蠅危害的咖啡果實。

發生生態

　　東方果實蠅為完全變態昆蟲，生活史包含卵期、幼蟲期、蛹期及成蟲期，其中卵期及幼蟲期均於寄主果實內度過，蛹則藏匿於寄主植物周遭的土壤表層，羽化後的成蟲四處飛行並開始繁衍後代（圖4-29）。於自然環境下，東方果實蠅約 1 個月即可完成一個生活史，由於寄主植物種類眾多，因此一年約可發生 8 ～ 9 個世代。東方果實蠅族群密度隨溫度變化，炎熱環境會促使害蟲發育時間縮短，田間族群數量隨之增加，因此夏季為此蟲好發時期。

▌ 圖 4-29　東方果實蠅成蟲。

防治策略

1. 田間衛生

　　落實田間衛生對於東方果實蠅具防治效果，適時移除遭受果實蠅危害的咖啡果實有其必要性。由於東方果實蠅的寄主相當廣泛，因此除了咖啡以外，許多果樹也可能爲其孳生源，因此更應留意咖啡園區周遭其他寄主植物的管理，盡量避免栽植該些作物以減少果實蠅發生。

2. 甲基丁香油滅雄法

　　甲基丁香油對東方果實蠅雄蟲具強烈的吸引力，因此與殺蟲劑混合後的含毒甲基丁香油可作爲雄蟲的誘殺劑，藉以毒殺趨前吮食的雄蟲，但對雌蟲無直接防治效果。滅雄法的目的是透過大量誘殺田間雄蟲，降低雌蟲成功交尾的機會，進而減少果實蠅族群子代數量。因此，滅雄法執行上必須採區域性共同防治，且定期更換誘殺劑，在長期執行後才能顯現良好的防治成效。

　　含毒甲基丁香油爲成品農藥，可於農藥資材行購得，切勿自行調配。使用上可將藥劑添加於甘蔗板、棉片等吸附性資材，並搭配誘蟲器使用。依建議使用方法，於每個獨立果園，每 0.2 公頃以下懸掛 2 個誘蟲器，0.21 ～ 0.5 公頃懸掛 3 個，0.51 ～ 0.7 公頃懸掛 4 個，0.71 ～ 1 公頃懸掛 6 個，若園區大於 1 公頃則每增加 0.25 公頃額外懸掛 1 個誘蟲器。由於雄蟲多棲息於果園周遭的雜木林，而不限於果園，故誘殺器可懸掛在園區周遭的熱點位置。此外，此項技術亦可用作東方果實蠅族群監測，藉此瞭解園區果實蠅族群密度。

3. 化學防治

　　目前核准於防治咖啡東方果實蠅的殺蟲劑種類，可自「動植物防疫檢疫局—農藥資訊服務網」或「農業藥物毒物試驗所—植物保護資訊系統」線上查詢。目前包含三種延伸使用之「第滅寧」成品農藥可

直接噴灑於咖啡樹。此外，亦有幾種殺蟲劑須混合蛋白質水解物以作毒餌劑，可同時誘殺雌雄蟲，但該些餌劑形式殺蟲劑不可直接施用在植株上。殺蟲劑詳細使用方式請參照上述網站公告方式。

參考文獻

陳柏宏、倪蕙芳。2022。咖啡果小蠹（*Hypothenemus hampei*）整合性蟲害管理（IPM）綜論。植物醫學期刊。

Aristizábal, L. F., Johnson, M., Shriner, S., Hollingsworth, R., Manoukis, N. C., Myers, R., Bayman, P., and Arthurs, S. P. 2017. Integrated pest management of coffee berry borer in Hawaii and Puerto Rico: Current status and prospects. Insects 8:123.

Chen, P. H., W. J. Wu, and J. C. Hsu. 2019. Detection of male oriental fruit fly (Diptera: Tephritidae) susceptibility to naled- and fipronil-intoxicated methyl eugenol. J. Econ. Entomol. 112(1):316-323.

Vargas, R. I. 1995. Ecology of the oriental fruit fly, melon fly, and Mediterranean fruit fly (Diptera: Tephritidae) on the island of Niihau, Hawaii. Proc. Hawaii. Entomol. Soc. 32: 61-68.

Vargas, R. I., J. C. Piñero, and L. Leblanc. 2015. An overview of pest species of *Bactrocera* fruit flies (Diptera: Tephritidae) and the integration of biopesticides with other biological approaches for their management with a focus on the pacific region. Insects 6(2):297-318.

Vega, F. E., Infante, F., and Johnson, A. J. 2015. The genus *Hypothenemus*, with emphasis on *H. hampei*, the coffee berry borer. Page 427-494 in: Bark Beetles: Biology and Ecology of Native and Invasive Species. F. E. Vega, and R. W. Hofstetter eds. Academic Press, San Diego, CA, US, 640 pp.

05

栽培管理與加工處理機械之應用

邱相文、林建志、施富邦

臺灣咖啡栽培時依農業機械使用目的可分成整地種植、整枝、施肥、病蟲害管理、雜草防治、清園、收穫及產品加工機械等項目。本文將介紹各項農業機械之作業目的與時機、機械特性與原理，使操作者可依據需求，購置適合的農業機械進行應用。

一、中耕管理機

英名　Power Cultivator

作業目的與時機

中耕管理機簡稱為中耕機，歐美通常稱為園圃曳引機（Garden Tractor），實際為 10 馬力（約 7.5kW）以下之小型耕耘機，以菜圃花園為主要對象。在我國中耕機因小巧輕便之緣故，常用於作物播種移植後，因時間及氣候關係，導致農田表土硬化或雜草叢生，不利作物生長時，對土壤進行鬆弛作業，並同時將雜草去除。

機械特性與原理

中耕機係由動力源、動力傳動裝置、耕深調節裝置（支撐輪或阻力棒）及刀具（中耕刀、培土刀或除草刀）所構成，操作時由操作者扶持方向把手及油門，控制中耕機行進方向與速度，通常分成無輪式、單輪式及雙輪式，作業深度係由耕深調節裝置（阻力棒或支撐輪）控制。作業時動力源經由動力傳動裝置將動力傳輸至刀具，降低轉速比使其產生高扭力，對土壤進行破土、翻土、培土或除草等作業。

圖 5-1 為無輪式中耕機，無行走部，其作業深度係利用阻力棒進行控制，其優點係輕便、易於搬運移動。圖 5-2 為雙輪式中耕機，與單輪式差異在於支撐中耕機輪胎數量，單輪式為一顆輪胎，雙輪式則為兩顆輪胎，作業深度由支撐輪控制。

而近年來我國設施發展迅速，國內也有業者開發乘坐式中耕管理機（圖 5-3），將原本大型之曳引機縮小，增加機械的靈活性，可更換附掛機具，進行不同的栽培作業。

圖 5-1　無輪式中耕機，作業深度係由阻力棒控制。

圖 5-2　雙輪式中耕機，與單輪式中耕機差異在於支撐輪的數量，若作業的空間允許，通常會採用雙輪式，操作時比單輪式穩定，且容易控制；而單輪式介於無輪式及雙輪式之間，其穩定性優於無輪式，而操作靈活性優於雙輪式但不如無輪式。

圖 5-3　乘坐式中耕管理機，近年來我國廠商自行研發之新型中耕機，其實就是類似小型的曳引機。

二、 電動剪枝機

英名　Electric Pruner、Electric Pruning Mechine

作業目的與時機

　　電動剪枝機用於剪枝作業，主要應用於咖啡果實採收後樹型修剪、調整主幹之用，將徒長、細弱、老舊或過密之枝條剪除（圖 5-4），以利農民後續栽培管理咖啡園之用。

　　以往果園剪枝作業以園藝用剪刀為主，修剪時受限於人力之故，無法修整粗壯的枝條，耗力且容易造成傷害，改用電動剪枝機則可以有效改善此類問題，修剪時操作者僅需要對準目標物後啟動開關，即可完成一次剪枝作業，其作業速度雖不如傳統方式，但因省力且切面平整，常用於梨子、棗子、芭樂等樹枝較粗壯作物修剪作業。

機械特性與原理

　　電動剪枝機其外型類似園藝用剪刀，通常由活動刀、固定刀、動力源、動力傳動裝置及電源供應系統所組成（圖 5-5）。因其重量問題，電源供應系統通常採用外部連接方式，以減輕操作者負擔。

　　操作時將欲修剪之部位置於固定刀與活動刀之間，按下啟動按鈕，活動刀進行往復運動，即完成修剪作業，可作用範圍係活動刀與固定刀之間距，間距越大，作用範圍越大。因作業特性需採用大扭力之電動機，故部分設計不良機種常發生過熱現象，需暫時進行停機冷卻處置。

圖 5-4　農民於果園中利用電動剪枝機進行樹型調整，剪掉徒長之細枝，使果樹養分集中，提升果品品質。

圖 5-5　電動剪枝機係由活動刀、固定刀、動力源、動力傳動裝置及電源供應系統組成。

三、鑽孔機

英名　Soil Drilling Machine

. . . .

作業目的與時機

　　鑽孔機用於咖啡樹苗定植時利用，國內咖啡繁殖多採用種子繁殖，其發芽率高，易於管理，當成長至小苗時會進行假植，栽培至一定程度後（約20～30公分）再進行定植。咖啡定植深度約為30～40公分，若利用人工方式挖掘，耗時費力，且容易造成工作者疲勞，另外人工挖掘也不易控制定植孔洞位置及大小，若要準確控制定植行株距及深度，需在作業前將每棵咖啡樹苗定位及規劃挖取範圍，前置作業繁複，若採用鑽孔機，僅需要定位鑽孔的中心點，設定鑽孔深度，選定適合尺寸鑽頭即可。

機械特性與原理

　　鑽孔機通常係由動力源、減速機構、支架及鑽孔機構所組成，作業時操作者將本機移動至欲鑽孔之位置處，按下啟動開關，動力源之動力經由減速機構傳輸至鑽頭，進行土壤鑽孔作業。因土壤表面下可能埋有異物，故其鑽孔作業及速度通常由操作者控制，若遇到異物時，可由人工判斷是否繼續鑽孔作業，避免鑽頭損傷，而鑽孔大小則由鑽頭直徑決定（圖5-6）。

　　本機之重點在於如何在有限的空間中發揮最大扭力，以及如何將鑽孔時之土壤排出，故減速機構與鑽頭設計為決定機種性能之關鍵因素。減速機構通常會採用行星齒輪組，特性為負載能力大、體積小、純扭矩傳動及工作平穩，其特性較符合本機之重點。而鑽頭之設計對於排土作業有極大的影響，設計不良容易造成土壤堆積在孔洞內，進而影響作業效能。

▋ 圖 5-6 　鑽孔機，通常用於果樹深層施肥用，先利用鑽孔機進行挖掘作業，之後再在以人工或機械方式將肥料倒入孔洞，最後進行覆土作業，即完成深層施肥作業，而在咖啡園中，除應用於施肥作業外，亦可用於挖掘咖啡樹苗定植用洞穴。

四、施肥機

英名　Fertilizer Applicator / Spreader

作業目的與時機

　　咖啡樹在生長過程中需吸收土壤養分，供其生長用，當土壤中養分不足以供應咖啡樹生長之需時，需施加適當的肥料以增加土壤肥力，滿足咖啡樹生長所需養分，以增加咖啡果實的產量並提升咖啡豆的品質。一般而言，咖啡每年約施用 2 次肥料，第一次基肥施用時間約在咖啡果實採收後，施肥量約占總施用量的 2/3；剩下 1/3 則是在咖啡開花時進行追肥用。現今因咖啡單價上升，有部分農民會依據收穫後（基肥）、開花、小果期、中果期、大果期及成熟期等不同栽培期，進行多次追肥。

機械特性與原理

　　施肥機（圖 5-7）通常係由動力源、肥料箱、攪拌器、肥料出口機構所組成，作業時攪拌器於肥料箱內作業，將肥料混合均勻，有時候攪拌器會兼具施肥量控制功能，利用其間隙或轉速調配每次肥料出口量。肥料出口機構則依據作業方式的不同設計，大致可分成自然落下式、離心式及風送式等三種，其中自然落下及風送式適合咖啡產業應用，可將肥料撒布在特定位置。若需要進行深層施肥，通常係利用鑽孔機在咖啡樹附近鑽洞，之後以人工方式將肥料填入洞中。

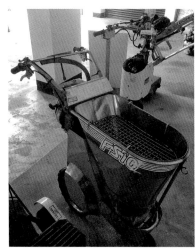

圖 5-7　施肥機，施肥機有許多不同的機型，其中較適合咖啡園使用的有步行式
及背負式施肥機。步行式係指有或無行走動力源且沒有駕駛艙之施肥機，操作者
須步行控制施肥機行走方向及速度，並以人工方式辨別施肥量是否均勻。而背負
式則係指施肥機直接由操作者背負進行施肥作業。

五、噴藥機

英名 Sprayer、Spraying Mechine

作業目的與時機

在咖啡栽培生長過程，常發生病蟲害影響其生長發育，此時栽培者需利用噴藥機將農藥施灑於咖啡株、莖、葉及果實，甚至土壤，以抑制病蟲害發生機率，藉此穩定咖啡生長發育、產量及品質。

機械特性與原理

噴藥機係由藥液桶、噴嘴、藥液攪拌器及動力系統所組成，其中藥液攪拌器與藥液均勻度息息相關，一般背負式的噴藥機採用回流式的攪拌，利用動力源與噴藥系統產生具有壓力之藥液進行桶內之攪拌混合，當打開噴嘴時，藥液從噴嘴噴出對作物進行噴藥作業；而關閉噴嘴時，因動力源不斷加壓之緣故，藥液無法從噴嘴出去，當壓力過大時，藥液只好藉由回流管回流至藥液桶內，使其在藥液桶內進行擾動，藉此均勻藥液濃度。

背負式動力噴藥霧機（圖 5-8），依動力源不同可分成電動式、瓦斯式、四行程汽油引擎及二行程汽油引擎。電動式係利用電動馬達動力進行藥液噴灑，作業時間受電池容量限制，其噴霧壓力最小、重量最輕；瓦斯式係利用瓦斯作為燃料，使引擎產生動力進行藥液噴灑，在瓦斯引擎產生動力過程中，需同步燃燒潤滑劑對汽缸進行潤滑；二行程與四行程汽油引擎皆使用汽油為燃料，使引擎產生動力進行藥液噴灑，其不同點為二行程汽油引擎在動力產生過程與瓦斯式一樣，需同步燃燒潤滑劑對汽缸進行潤滑作業，而四行程引擎則係具有潤滑油室，利用潑濺的方式進行汽缸潤滑作業。

一般而言因咖啡栽培於行株距較小之山坡地，考量其作業特性，

以背負式噴藥機最適用，然受制於人工背負之緣故，滿載時重量約為40公斤，扣除噴藥機本身重量，每次可背負藥液約 20 ～ 30 公升（約20 ～ 30 公斤），使一次作業量受到限制，與行列式噴藥車（圖 5-9）相比，作業效率較差。

圖 5-8　背負式噴藥機，由左至右依序為電動機、瓦斯引擎、四行程汽油引擎、二行程汽油引擎的背負式噴藥機。

▋ 圖 5-9 行列式噴藥車,可於咖啡樹植株行間行走,藥液由下往上噴,可對葉背
進行施肥施藥作業,但因機械規格之關係,不適合路面崎嶇山坡地之咖啡園,適
合有經過行株距設計之咖啡園。

六、 除草機

英名　Weeder、Cutter

作業目的與時機

　　咖啡樹栽培一段時間後，園區內會布滿雜草，尤其係春、夏兩季，雜草生長速度極快，若不經過適當管理，將嚴重影響咖啡樹之生長。繁密之雜草有利於害蟲繁殖，不良於使用者於咖啡樹園內行走，影響栽培者作業，不利於咖啡樹園管理。此時即需要進行除草作業，將不利於咖啡生長之雜草去除，便於栽培人員進行管理。

機械特性與原理

　　市面上有許多類型的除草機，依序分爲背負式、步行式及乘坐式除草機，作業時操作者需將刀具置於欲剪除雜草之位置，之後刀具會進行往復運動或迴轉運動產生剪切力，藉此斬斷雜草。

1. 背負式除草機

　　係由動力源、動力傳動裝置及刀具所構成，使用時操作者將設備背負於肩上，將刀具（通常係牛筋繩）移動至欲剪除雜草位置，刀具因迴轉運動產生剪切力，斬斷雜草，刀具之迴轉速度係由速度操作桿控制（俗稱油門），轉動速度越快，剪切力越大，除草效果越佳（圖5-10）。

2. 步行式除草機

　　其構造與背負式類似，唯一不同點在於步行式具有行走部，不論是否有提供行走動力，操作者須以人工步行方式控制除草機的行進方向與速度者，皆可稱之爲步行式除草機（圖5-11）。

3. 乘坐式除草機

其構造與背負式類似，不同點於乘坐式具有駕駛座，能在駕駛座上控制除草機行進方向與速度，而刀具離地高度（即操作者欲切割雜草的位置）與刀具轉速，皆在駕駛座由相對應的控制把手控制，操作者不需離開座位（圖 5-12）。

圖 5-10　背負式除草機。

圖 5-11　步行式除草機（一）。

▌ 圖 5-11　步行式除草機（二）。

▌ 圖 5-12　乘坐式除草機。

七、樹枝粉碎機

英名　Tree Branch Shredder

作業目的與時機

　　當我們進行剪枝或修枝作業時，咖啡樹修剪下之樹枝，常堆放於咖啡園某處，若不即時處理，常衍生病蟲害問題，另外因為環保法規關係，農產品廢棄物不得焚燒，以避免造成空氣汙染。為了解決此方面問題，產生了樹枝粉碎機，其作業目的係將大型的樹枝，切碎成細小的碎片，以利於後續的回收或再利用。

機械特性與原理

　　樹枝粉碎機通常係由機械本體、入口裝置、粉碎裝置、篩網、出口裝置等所構成，其外型如圖 5-13 所示。作業時操作者將欲粉碎之樹枝從入口裝置處投入機械本體，經由粉碎裝置對樹枝進行絞碎，其篩網通常介於粉碎裝置與出口裝置之間，作用為利用不同的篩網網目，控制樹枝粉碎後之大小，網目越多，欲粉碎之樹枝停留在粉碎裝置的時間越長，粉碎後之廢棄物越細；反之，網目越少，停留時間越短，粉碎後之廢棄物越粗。其重點在於粉碎裝置之設計，現行多採用圓筒形的切削裝置，切除圓筒部分物料，使圓筒兩邊對角處產生直角（如圖 5-14），並於上方裝設刀具，作用時利用迴轉運動使力量集中於刀具上，產生強大的切削力。

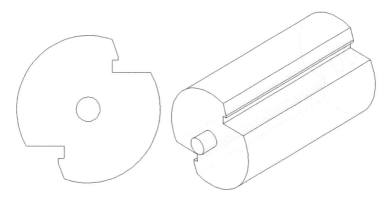

█ 圖 5-13　樹枝粉碎機。

█ 圖 5-14　樹枝粉碎機內部刀具形狀，斜角處為刀具，通常經過熱處理增加
　　　　其硬度，作業時因其形狀特殊之緣故，使力量集中於刀刃處，產生強大的
　　　　切削力，進而將樹枝粉碎。

八、收穫機

英名　Harvester

作業目的與時機

收穫機顧名思義就是利用於咖啡收穫時，若咖啡豆成熟期一致時，機械作業效率為人工的 16 倍以上，可以有效的紓緩人力不足問題；然我國咖啡豆成熟期不一致，致使機械收穫損失率太高，故目前國內的咖啡園仍採用人工收穫方式。

機械特性與原理

咖啡振動收穫裝置係由動力源、動力傳動裝置與收穫爪組合而成（圖5-15），其運動示意圖如圖5-16所示，圖中 AB 為曲柄，BC 為浮桿、CD 為搖桿，DA 即為固定桿，綠色虛線表示其運動軌跡示意，其機構運動方式屬於曲柄搖桿裝置，減速比為 6（引擎轉 6 圈，收穫爪開閉 1 次，可將傳動軸之迴轉動作轉換成往復搖臂動作，配合收穫爪上之機構使收穫爪進行往復運動。收穫時將收穫爪固定欲收穫之目標物上，如圖 5-17 所示，使樹枝進行左右往復運動，將果實振落以達到收穫之目的。圖 5-18 為利用咖啡振動收穫機進行收穫後之成果，由圖得知除了過熟豆、成熟豆、半熟豆外，未熟豆也被振落，其主因為咖啡豆成熟期不一致之緣故，故若要採用此收穫機進行咖啡豆之收穫，建議於收穫後期進行。

圖 5-15　咖啡振動收穫裝置，係由動力源、動力傳動裝置及收穫爪所組成。

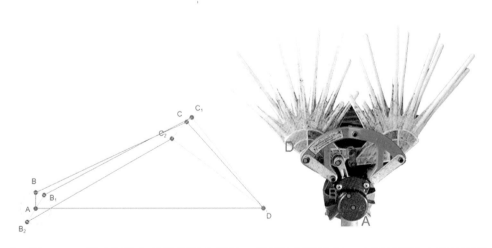

圖 5-16　咖啡振動收穫裝置於收穫時，機構的運行軌跡，主要係將動力源的迴轉
運動轉變成收穫爪的搖擺運動。

圖 5-17　利用咖啡振動收穫機收穫咖啡豆之情形，上圖為場地布置，操作者需於咖啡園鋪設塑膠布，之後利用收穫機進行收穫，使用時將收穫爪固定於咖啡樹上，之後咖啡豆就會被振落在塑膠布上，最後進行收集即可。

▌ 圖 5-18　咖啡振動收穫機進行收穫後之成果，從這裡可以得知，不輪
成熟與否，咖啡豆都會被收穫機振落，其收穫的良率與咖啡樹的栽培有
關，成熟期越一致，收穫良率越高。

九、產品加工機械

作業目的與時機

如何從咖啡櫻桃果實取得咖啡豆是一種複雜的學問，若處理不當，容易感染黴菌，進而腐壞，故收穫後之咖啡櫻桃果需經過一連串的加工處理，方能取得良好的咖啡豆。

咖啡櫻桃果實外表如圖 5-19 所示，由內而外依序為果皮、果肉、果膠層、羊皮層、銀皮及種子，果膠層內含有豐富的果膠，作業時經由水洗浮力咖啡篩選機（圖 5-20）將不良品及異物篩選出來，取得良好可加工之咖啡櫻桃果，再經由人工或機械方式將其表皮脫離（圖 5-21），取得內部種子，再需經過發酵（圖 5-22、圖 5-23）、乾燥及脫殼（圖 5-24）等過程，取得咖啡生豆，後依據個人嗜好對咖啡生豆進行不同程度的烘焙，取得我們所需要的咖啡豆。依據後處理方式可分成日曬法、蜜處理、半日曬、水洗法及半水洗等五種，其處理過程如圖 5-25 所示。

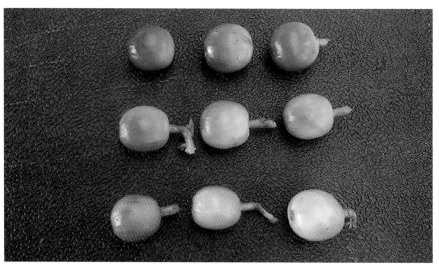

▌圖 5-19　為採收後的咖啡櫻桃果實，而我們俗稱的咖啡豆其實係裡面的種子。

1. 咖啡水洗浮力篩選機

功　　能　完整快速的咖啡櫻桃果實預先分類系統，設備設計用於品質不良的浮果及異物去除。

用途說明　為咖啡生產鏈中的產製階段使用，進行田間收穫後的咖啡櫻桃果實處理，其採用省水循環機具系統，可以完整快速的進行咖啡櫻桃果實預先分類的浮果篩選工作，並可同時去除石頭、枝葉等異物。

2. 咖啡豆去皮機

▌ 圖 5-21　咖啡豆去皮機。

功　　能　具有脫皮、脫除果肉等功能。

用途說明　為咖啡生產鏈中的產製階段使用，進行田間收穫後的咖啡
櫻桃果實去果皮處理使用，可以完整快速的進行咖啡櫻桃
果實脫皮工作。主要由動力部、進料部、去皮機構、出料
部及機架等所組成。進料部主要元件為進料斗及進料方形
桿，當咖啡果實（未乾燥生豆）從進料斗倒入後，進料方
形桿旋轉帶動咖啡果實進入去皮機構，進料快慢可由控制
進料配出口開度調整；去皮機構主要元件為去皮滾筒及外
緣間隙隔板。

去皮的作用原理是利用去皮滾筒與外緣間隙隔板間之間隙
因旋轉由大變小，使得去皮滾筒上的凸齒對咖啡果實形成
剪切作用而將果皮剝離，之後，咖啡果仁由外緣間隙隔板
底部出口排出，並落入前方出料斜板，咖啡果皮則通過去
皮滾筒與外緣間隙隔板所形成之間隙，於後方斜板端排
出。

3. 咖啡櫻桃果實脫皮與去果膠機

圖 5-22　咖啡櫻桃果實脫皮與去果膠機。

功　　能　具有脫皮、去果膠、分離果膠液功能。

用途說明　為咖啡生產鏈中的產製階段使用，進行田間收穫後的咖啡
　　　　　櫻桃果實處理，將咖啡櫻桃果實以省水咖啡櫻桃果脫皮與
　　　　　去果膠機，可以完整快速的進行咖啡櫻桃果實時脫皮去果
　　　　　漿工作，並可利用打漿機組將果膠液分離利用。

4. 咖啡生豆發酵收集桶

▍ 圖 5-23　咖啡生豆發酵收集桶。

功　　能　收集儲存果實或完成脫皮去果膠的咖啡生豆，同時進行咖啡果實或生豆發酵。

用途說明　為咖啡生產鏈中的產製階段使用，將咖啡櫻桃果實或脫皮的咖啡生豆收集，進行發酵過程後，再輸送進入去果皮或果膠暨水洗發酵清洗機組之前的收集桶設備，可以收集咖啡果實與脫皮或去果膠的咖啡生豆並同時進行咖啡果實或生豆的發酵處理工作。

5. 咖啡脫殼機

▎ 圖 5-24　咖啡脫殼機。

功　　能　對咖啡生豆進行脫殼，去除羊皮層、銀皮用。

用途說明　為咖啡生產鏈中的產製階段使用，產生咖啡豆的最後一道
　　　　　處理。當咖啡櫻桃果經過各種不同的處理後得到咖啡生
　　　　　豆，此時咖啡生豆上尚有一層殼（羊皮層），而咖啡脫殼
　　　　　機則是為了去除此層殼所用之加工機械。其作用原理係對
　　　　　咖啡豆外殼進行摩擦，繼而將咖啡豆與殼分離，一般是由
　　　　　滾輪及精網所構成，藉由滾輪及精網之間的間隙，控制其
　　　　　成品的精度。一般而言，間隙越大，咖啡豆不易損傷，但
　　　　　殘留物較多，反之間隙越小，咖啡豆容易損傷，但脫殼乾
　　　　　淨。

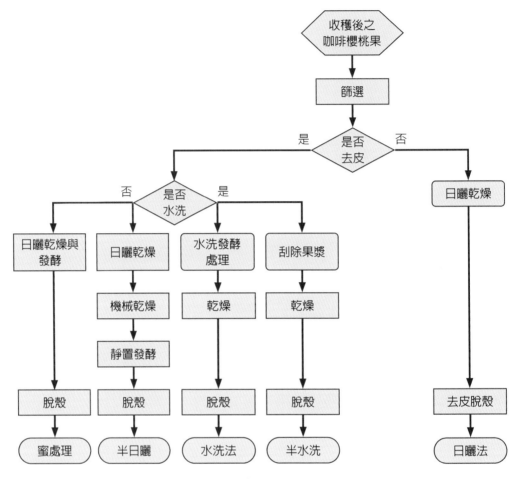

圖 5-25　咖啡豆的各種處理方式及其處理流程圖。

　　咖啡生豆的含水率需在 12% 以下，而日曬法則是直接利用陽光的熱量將咖啡櫻桃果實直接乾燥至含水率 12% 以下，之後才進行去皮脫殼等加工作業。水洗法及半水洗的差異在於發酵時間及用水量，水洗式發酵時間為用水洗果漿的時候，用水量較大，通常需要浸泡；而半水洗發酵時間則係在用水清洗果漿之後，用水量較小。而蜜處理與半日曬其實係一樣的處理方式，只是名稱上的不同。

十、乾燥機

英名　Dryer

作業目的與時機

　　剛收穫之咖啡櫻桃果實含水率偏高，若不進行乾燥處理，容易變質，造成品質下降甚至於腐壞，此時我們通常會經過日曬或乾燥機對咖啡櫻桃果實進行乾燥作業，降低其含水率。

機械特性與原理

　　本機通常係由加熱器、通風系統及乾燥艙所構成（圖 5-26），利用通風系統將外界的空氣吸入加熱器內，加熱器利用燃油或電製造熱量，對加熱器內的空氣進行加熱，取得熱的乾空氣，再經由通風系統將熱的乾空氣傳輸至乾燥艙內，當熱的乾空氣接觸咖啡櫻桃果實表面時，因蒸散及擴散作用帶走水分，經由通風系統排風口排出已吸收水分之空氣，周而復始，使咖啡櫻桃果實含水率逐漸降低，最後完成乾燥作業。

圖 5-26　乾燥機，市面上常見的乾燥機為層盤式乾燥機，將咖啡豆平鋪在
不銹鋼製的盤子上面，利用熱風對咖啡進行乾燥作業，降低咖啡豆內的含
水率至 12% 以下。

十一、新一代一貫化省工咖啡作業模式

新一代的省工咖啡作業模式，應用於大型咖啡生產場域，建置最新咖啡一貫化自動機器，從採果進料到烘乾成生豆，可從14天縮短為2天，而且不良豆的比例大幅降低，不僅提高臺灣咖啡的競爭力，且省時、省工、省力及省能源。根據農業部2023農業年報統計，國內咖啡面積為1,210公頃，產量約一千公噸，年產值約十億元，2022年國內市場消費四萬公噸咖啡，換算平均每人飲用量為1.89公斤，持續穩定成長中。

此新一代設備從自動分級、脫皮、發酵、脫果膠、烘乾等作業一貫化自動處理，且傳統咖啡果實處理過程在每階段均耗費大量人力與時間，以及水洗耗費資源，尤其在去皮過程使用簡易機具，缺乏完善分級，混雜不同熟度果實，使破豆率偏高，損及農民收益，利用這套機器設備可標準化咖啡後製流程，提高生產品質。

咖啡自動化專業後製示範場域流程

當咖啡果實採收後，進到該場域後，依照圖5-29所示，進行咖啡櫻桃果實處理流程，透過一貫化流程處理，將咖啡果實，進行後製處理。

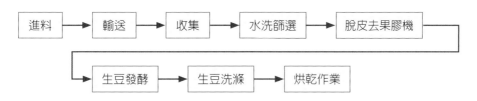

圖 5-29　咖啡櫻桃果實採收後處理流程。

　　示範場域之配置如圖 5-30 所示，從進料到烘乾作業皆採用各式高效自動化作業機械操作，場域依照使用加工順序，與場區大小進行配置，從斗升輸送機、收集桶、水洗浮力脫膠、脫皮去果膠機、發酵收集桶、生豆洗滌機、咖啡豆烘乾機等。透過上述設備之建置，減緩咖啡加工處理人力與空間，節省作業天數與時間，並實現省水之目標，加速咖啡櫻桃果實之處理效能。

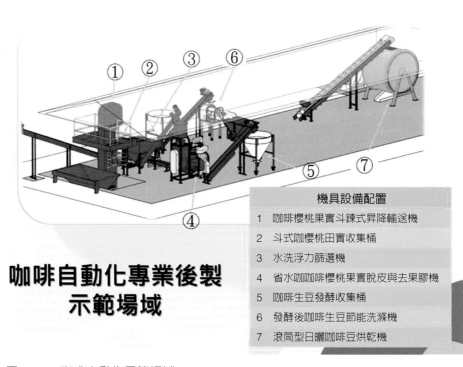

咖啡自動化專業後製
示範場域

機具設備配置	
1	咖啡櫻桃果實斗鍊式昇降輸送機
2	斗式咖櫻桃田實收集桶
3	水洗浮力篩選機
4	省水咖咖啡櫻桃果實脫皮與去果膠機
5	咖啡生豆發酵收集桶
6	發酵後咖啡生豆節能洗滌機
7	滾筒型日曬咖啡豆烘乾機

▍圖 5-30　咖啡自動化示範場域。

1. 咖啡櫻桃果實斗鍊式升降輸送機（Bucket Elevator）

此一裝置，為運送咖啡櫻桃果實處理的前置機械，如圖 5-31 所示，入料區域設置於低處，為方便咖啡櫻桃果實卸料之設置，人員透過此一區域入料，再經由斗鍊式升降輸送機，進行散裝物料之垂直運輸，將咖啡櫻桃果實由低處輸送到高處，以進入篩選機組內。透過此一方式減緩人員搬運之勞力，降低入料口高度，提升工作效率減輕人力之負擔。

圖 5-31　斗鍊式輸送機。

2. 水洗浮力篩選機（Preclassifier）

　　咖啡櫻桃果實經斗鍊式輸送機輸送舉升後，進入水洗浮力篩選機中，如圖 5-32 所示，透過水流動特性與分級裝置，如圖 5-33 所示，進行清洗作業，在清洗過程中，同時進行櫻桃果實預先分類，同時去除碎石與枝葉等異物。此一機型水槽容量為 500 公升，清洗過後的水，具備循環再利用能力，兼具省水功能。本篩選機每小時能處理 1,000 至 1,200 公斤的咖啡櫻桃果實，完成浮選作業之咖啡櫻桃果實，可藉由輸送帶運送至脫皮機進行後續處理。

▌ 圖 5-32　水洗浮力篩選機。

| 圖 5-33　水洗浮力篩選情形。

3. 省水咖啡櫻桃果實脫皮與去果膠機（Ecoline）

本機之主要功能為將咖啡櫻桃果實進行去皮清洗之功能，如圖 5-34 所示，從上方入料後，透過輾壓去皮，再透過水流進行去果膠作業，藉由清水分離果膠液。其特點可快速地進行脫皮去果漿工作，並利用打漿機組漿果膠液分離利用，並透過輸送機將完成處理之咖啡果實，送至收集桶中。本機每小時可處理 800 至 1000 公斤之咖啡櫻桃果實。處理每公斤咖啡櫻桃果實僅需消耗 0.5 公升的水。

▌ 圖 5-34　脫皮與去果膠機。

4. 咖啡生豆發酵收集桶

　　將完成脫皮與去果膠機械之咖啡生豆，藉由輸送裝置送入收集桶中進行發酵處理，如圖 5-35，此發酵收集桶於現場具備數個，進行去果膠機出料後咖啡生豆暫存置放使用。

▌ 圖 5-35　生豆收集桶。

5. 發酵後咖啡生豆節能洗滌機（Ecowasher）

　　當咖啡生豆於收集桶完成發酵後，透過輸送機，將生豆送入洗滌機中進行沖洗作業，如圖 5-36，將發酵後之生豆進行清洗，徹底去除殘留果膠的功能，每小時可處理 100 公斤的咖啡生豆。在清洗上，洗滌機具備專利水刀科技，優化咖啡生豆洗滌流程，並透過調整開關之大小，控制進水量多寡，有效節省洗滌過程中之用水，處理每公斤生豆僅需要消耗 0.04 公升的水。

▌ 圖 5-36　節能洗滌機。

6. 滾筒型日曬咖啡豆烘乾機（Rotary Coffee Dryers）

　　將完成水洗之咖啡生豆透過加熱乾燥方式，以維持其儲存特性，本機乾燥咖啡果實與生豆，最大處理容量為 750 公斤，如圖 5-37 所示。採用輸送裝置進行進料作業，乾燥熱源使用天然氣進行快速乾燥，具有節能功能，透過加熱，使滾筒內熱空氣分布均勻，透過均勻乾燥之方法，可提高咖啡豆之品質，乾燥效率高。同時具備自動溫度控制系統，藉由感測內部溫度，適時加熱與停止加熱，平均乾燥時間約 1 ～ 2 天（視乾燥條件而定）。

圖 5-37　咖啡豆烘乾機。

　　咖啡栽培在臺灣生產以小農爲主，從種植、收穫到處理加工、儲存及包裝銷售，多以人工作業，人力費用占生產成本至少三成以上，產製量能不足，所以臺灣咖啡要進到連鎖通路不易；新一代一貫化咖啡機具引進咖啡各式後製加工機具之後，將各式機具整合、配置動線成爲一貫化自動機組設備，可以大幅達到效能提升之效果。

　　實測結果過去要耗費許多人力的生豆處理，透過這套設備時間從14天縮短爲2天，且一開始即先做果實分級，農民再依豆子等級做處理，品質更穩定，且這套設備省水、省能源，對環保有效益，放置在地區性產製中心可以幫助農民處理咖啡果實，擴大市場供應能力。

參考文獻

程慶源、翟仲威、洪堅志、楊烋生、李豐明、楊明川等 . 1999. 農業機械 (一) 下冊 . 高雄復文圖書出版社 . 臺灣 .

張淑芬、張哲瑋、倪惠芳、陳甘澍 . 2019. 咖啡果小蠹防治研究暨田間綜合管理研討會專刊 . 臺中：行政院農業委員會農業試驗所 . 臺灣 .

06

咖啡之採後處理及烘焙

吳宗諺

一、漿果採後處理與後製

（一）咖啡果實的採收時機

▌ 圖 6-1 咖啡果實的色澤。

▌ 圖 6-2 黃波旁（Yellow Bourbon）。

　　通常咖啡採收的時機，都由果實外觀的色澤來判斷。一般來說，咖啡果實在不同生長期，外觀會呈現不同色澤，隨著成熟度的增加，果實會慢慢轉變爲鮮紅色及深紅色（圖6-1）。採收此時期的咖啡果實，對於接下來後製處理過程的品質是有利的。

　　但是品種差異也會讓咖啡果實外觀呈現出其他色澤，例如黃波旁（Yellow Bourbon）果實成熟後呈現黃色（圖6-2）。所以不同咖啡品種，由外觀色澤判定成熟度有時候沒那麼容易，不過由於果實隨著成熟度的提升，糖度會增加，因此可以透過使用糖度計（圖6-3）檢測咖啡果實的糖度（°Brix），來訂定統一採收標準，讓果實採收品質一致化。

圖 6-3　糖度計。

（二）咖啡不同後製處理介紹

1. 日曬法（Dry/Natural Process）

▍ 圖 6-4　日曬法流程。

在日曬乾燥過程中（圖 6-4），咖啡果實在收穫後立即同時進行發酵和乾燥，耗時約 3～6 週。這個過程通常是完全需氧的，可以保留水果中最高的葡萄糖和果糖濃度。這些咖啡具有天然咖啡的化學特徵，具有更高的可溶性固形物和糖類。因此，此方法的咖啡特色是具有出眾的醇厚度和甜味。

步驟

⑴ 挑去品質不佳的漿果，將其平鋪

⑵ 日曬

⑶ 發酵

⑷ 去皮、去殼

2. 水洗法（Wet Process/ Washed Method）

▌ 圖 6-5　水洗法流程。

收穫後，成熟的咖啡果實立即經過浮選過程以清潔碎屑並去除漂浮物（低密度果實），再以脫肉機脫去果皮及果肉。接著置於水槽，於水下進行發酵 24 ～ 48 小時，藉由發酵過程去除殘餘的果肉及果漿（圖 6-5）。此方法所得咖啡特點具有濃郁的香氣和宜人的酸度。

步驟

⑴ 浮豆篩選，挑去密度低的漿果及雜質

⑵ 去皮

⑶ 水中發酵、清洗

⑷ 乾燥

⑸ 去殼

3. 蜜處理法（Honey/Mei Process）

▌ 圖 6-6　蜜處理法流程。

　　蜜處理法（圖 6-6）是一種結合日曬和水洗的處理方法。它會產生一杯獨特的咖啡，其風味與前面描述的兩種加工方法相似，具有平衡的酸味、醇厚度及濃郁的水果甜味，在理想的條件下，會達到完美的甜蜜點。在處理過程中，漿果去皮後不會進入洗滌槽，保留果膠層黏液。「蜜」所指的就是層果膠黏液，含有較多的糖類及果酸，然後透過陽光曝曬過程將果膠層轉換到咖啡豆中。留下的黏液量決定了甜度，甚至還有機器來控制咖啡豆上黏液的量。依保留果膠層黏液 50%、＞ 50%、維持大部分果膠層黏液，分別被稱為黃蜜、紅蜜、黑蜜。

步驟

(1)浮豆篩選，挑去密度低的漿果及雜質

(2)去皮（保留果膠層）

(3)日曬、發酵

(4)乾燥

(5)去殼

4. 厭氧處理法（Anaerobic Fermentation Process）

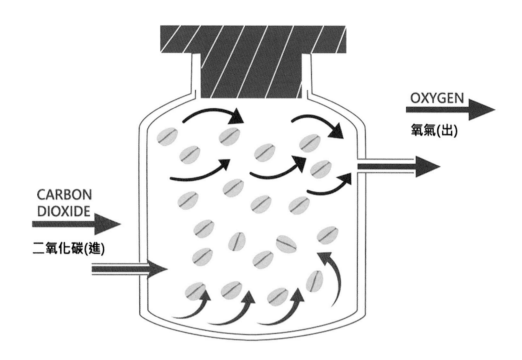

| 圖 6-7　厭氧發酵示意圖。

與有氧發酵處理咖啡豆相比，厭氧處理法相對較新。由於水、糖、細菌和酵母的存在，一旦咖啡被採摘，發酵就會開始。咖啡果膠層黏液中的糖和酸隨後被轉化為不同的酸、二氧化碳、乙醇和其他化合物。豆子的發酵方式會有所不同，具體取決於它們是否經過洗滌、天然或蜂蜜處理，因此會產生各種風味。與有氧發酵相比，厭氧發酵產生不同的酸，例如乳酸發酵，使最終產品具有驚人的風味。在這個過程中，豆子放置密封罐中，透過二氧化碳置換氧氣，達到厭氧條件（圖 6-7）。在厭氧的條件下，發酵過程以乳酸發酵（圖 6-8）、酒精發酵（圖 6-9）為主，因此要避免酒精發酵過度，造成酒味太濃影響咖啡豆品質，這可以透過控制低溫環境，減緩酒精發酵速度。

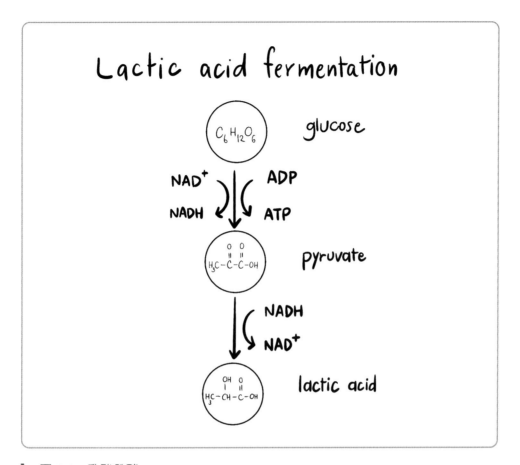

圖 6-8　乳酸發酵。

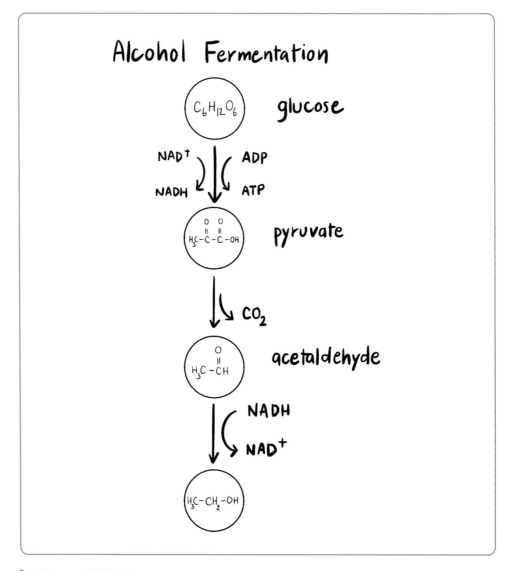

圖 6-9 酒精發酵。

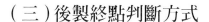
（三）後製終點判斷方式

後製發酵過程終點的掌握，是一杯咖啡好壞的關鍵點，發酵不足時果漿黏液沒有完全降解的狀態，這可能會促進不良微生物的生長；過度發酵會導致生產的黑豆或「臭」豆具有較差的視覺和香氣特徵。例如以水洗法發酵過程，起始的 pH 值範圍約在 6.0 ～ 6.5，隨著發酵過程微生物之分解醣類、蛋白質等，pH 值會往下降至約 4.0，達到發酵終點。不過這並非是絕對的，隨著處理方式的差異性，大家可以透過不同檢測儀器監測 pH 值變化（圖 6-10、圖 6-11），找出適合的發酵終點。

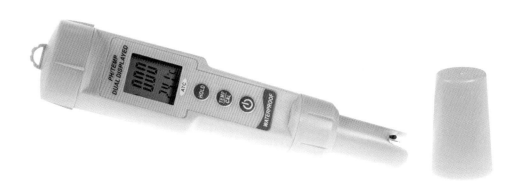

▌ 圖 6-10　手持式酸鹼度計。

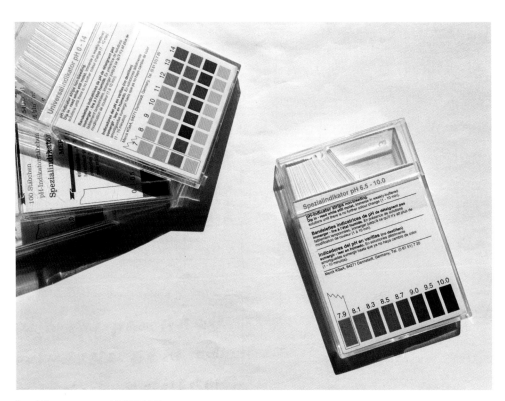

▌ 圖 6-11　pH 檢測試紙。

　　而發酵過程不同微生物種類對於咖啡品質也有所影響，從表 6-1 中可看出當發酵溫度有所區隔時，例如日夜溫差大，這樣會讓發酵速度、菌相有所差異，從杯測結果可以知道這樣的發酵溫度對咖啡品質是有益的。

▼ 表 6-1　不同微生物發酵條件對咖啡品質之影響 *

作者	品種	發酵溫度	後製方法	微生物接種	杯測分數
Elhalis et al., 2020a	波旁	大氣溫度（白天25-30℃；夜間10-15℃）	水洗法	Spontaneous	89.50
				Natamycin (anti-Yeast)	84.75
				T. delbrueckii 084	85.50
Bressani et al., 2018	黃卡杜艾	大氣溫度	日曬法	Spontaneous	91.50
				S. Cerevisiae 0543	84.00
				C. parapsilosis 0544	81.50
Carvalho Neto et al., 2018	卡杜艾	30℃	水洗法	Spontaneous	80.67
				Lactobacilus plantarum	80.00
Ribeiro et al., 2017	蒙多諾沃	大氣溫度	蜜處理	S. Cerevisiae 0200	80.13
				S. Cerevisiae 0543	82.63
				Spontaneous	-
Martinez et al., 2017	黃卡杜艾	大氣溫度（14.6～28.2℃）	蜜處理	S. Cerevisiae 0543	81.40
				C. parapsilosis 0544	81.30
				T. delbrueckii 084	81.00
				Spontaneous	81.40
Pereira et al., 2015	卡杜艾	大氣溫度（白天24～32℃；夜間12～15℃）	水洗法	P. fermentaris YC.2	89.00
				P. fermentaris YC.2 Sup	87.50
				Spontaneous	89.00
Evangelista et al., 2014b	阿卡依	大氣溫度	蜜處理	Controle	80.93
				S. cerevisiae YCN 724	79.33
				P. guillermondii YCN 731	74.17
				C. parapsilosis YCN 448	80.00
				S. cerevisiae *YCN 727	81.08

*YCN 727 = CCMA 0543

* 資料參考自 Vaz et al., (2002).

（四）生豆乾燥程度及保存條件

▎ 圖 6-12　生豆含水率監測。

▎ 圖 6-13　生豆儲存方式。

在生咖啡豆的儲存過程中，可能會產生非典型氣味，這被認為會影響咖啡的香氣，主要是由於脂質氧化而導致商業價值的喪失。建議降低生豆水分含量並結合較低的儲藏溫度，以避免因儲存而導致生咖啡豆的香氣變化。

生豆乾燥後含水率最佳範圍 10 ～ 12%，儲存條件主要是要控制氧氣、溫度和濕度。

1. **氧氣**　因此如果能減少氧氣量，例如抽真空、充氮氣，減少氧化所導致咖啡風味分子變質程度。

2. **溫度**　生豆儲存的理想溫度範圍為 16～20℃之間。不適當的溫度會改變咖啡豆內部的水活性來影響咖啡風味和新鮮度。溫度變化波動過大的會導致袋內生豆出現冷凝情形，破壞咖啡品質。

3. **濕度**　環境濕度（空氣中水蒸氣的含量）會透過咖啡袋來影響生豆品質。過多的濕度也會導致黴菌的生長，理想的相對濕度（RH）為 60%。

二、咖啡烘焙介紹

（一）生豆品質檢測

了解生豆品質的物化性質，對於後續進行烘焙的影響是非常大的，因此將對於重要的物化性質及測定方式介紹：

1. 水分含量

成熟、新鮮收穫的漿果通常具有 45 ～ 55% 的水分含量。在乾燥和加工後，通常會下降到 10 ～ 12% 左右，具體取決於技術、氣候和乾燥時間的長短。根據國際咖啡組織 （International Coffee Organization, ICO） 的規定，準備烘焙的生豆的理想水分含量應在 8 ～ 12.5% 之間。

該範圍通常被認爲是考慮生咖啡在儲存過程中的降解率和微生物生長風險等因素的最佳範圍。一旦生豆經過加工並準備好運輸，它們通常會被放置在黃麻袋中，以最大限度地提高運輸過程中的空氣流通。然而，咖啡豆具有天然吸濕性，這意味著它們會吸收空氣中的水分，水分含量很容易在產地和烘焙之間波動。

運輸或儲存過程中濕度的變化或暴露在陽光下可能會影響咖啡的水分含量。生豆進行烘焙時，鎖在咖啡中所有風味和香氣都被帶出。然而，爲了釋放生豆的全部潛力，專業烘焙商首先測量其水分含量非常重要。咖啡的水分含量會告訴烘焙師他們應該如何進行烘焙，以達到他們想要的烘焙曲線。

2. 密度

密度的計算，密度 = 質量／體積。密度的概念例如有兩個相同體積的容器，一個裝滿鉛，另一個裝滿羽毛。雖然它們的體積相同，但顯然鉛容器中的質量（重量）會更大，所以如果體積的質量更大，密度就更大。反之，裝羽毛的容器，同樣的體積和更小的質量，它的整體密度更小。

豆子的密度受到品種、氣候、栽培條件、海拔等因素影響，例如烘焙師通常非常熱衷於種植在高海拔地區的咖啡，這主要是因爲這些豆子密度往往更高。高海拔地區較涼爽的天氣，尤其是日、夜間溫差大，減緩了咖啡果實成熟速度，以更長的時間轉化替豆內細胞增殖更多，產生更高的密度。

所以市面上已經有商用儀器來做相關檢測，例如 MD-500 咖啡水分密度檢測儀（圖 6-14），可以快速檢測豆子的水分含量和密度。

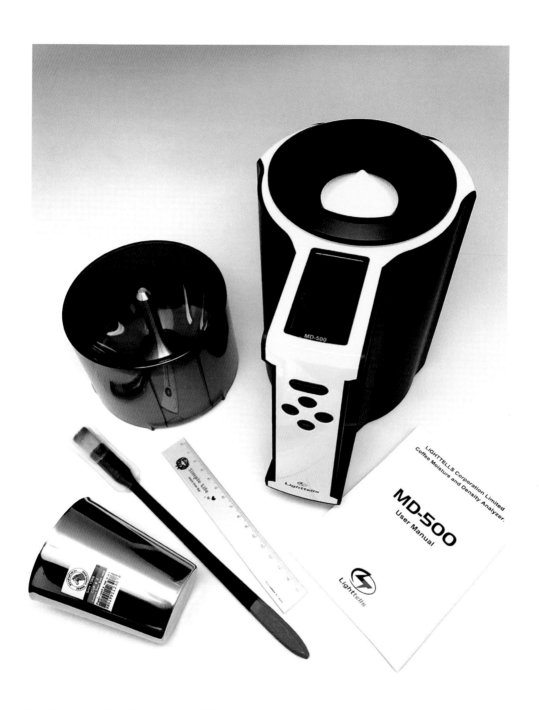

圖 6-14　生豆水分密度檢測儀。

（二）咖啡烘焙度檢測

▌ 圖 6-15　不同咖啡烘焙程度。

　　咖啡烘焙度是讓咖啡烘焙師，生產穩定品質的咖啡。一般測定的方式可以用可攜式咖啡烘焙度量測儀（圖 6-16）及 SCAA/Agtron 咖啡烘焙色卡（圖 6-17）測定，可以幫助烘焙者了解咖啡豆表及豆心的差異，更清楚掌握烘烤曲線，進而得到品質佳且穩定的咖啡豆。

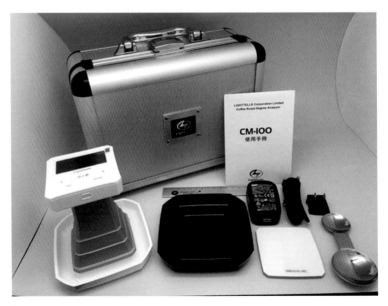

▌ 圖 6-16　可攜式咖啡烘焙度量測儀。

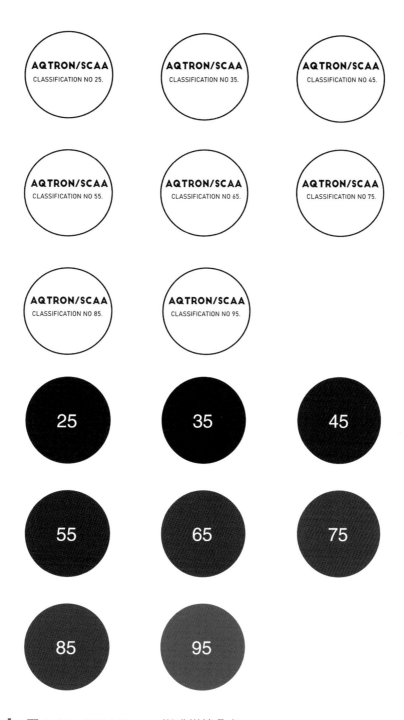

圖 6-17　SCAA/Agtron 咖啡烘焙色卡。

（三）咖啡烘焙過程

咖啡豆是從咖啡果實中成熟的種子，經加工並乾燥而成咖啡豆。烘焙前，咖啡豆呈綠色，帶有豆子和青草的香氣。實際上，生咖啡豆聞起來根本不像咖啡。當我們烘焙咖啡時，會發展出上百種以上不同的香氣化合物，這些化合物使咖啡具有風味。如通過烘焙過程，我們可以影響咖啡中這些香氣化合物的存在比例，也可以確定咖啡的風味。

而咖啡烘焙的過程主要可以分為乾燥階段（Drying Stage）、褐變階段（Browning Stage）和發展階段（Development Stage/ Roasting Stage）（圖 6-18、表 6-2）。

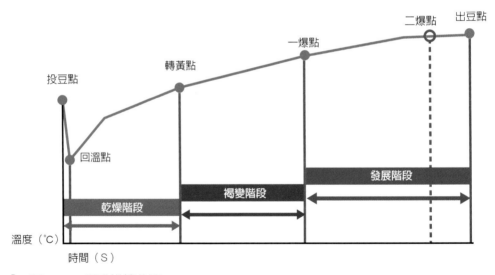

▌ 圖 6-18　咖啡烘焙曲線。

▼ 表 6-2　烘焙曲線之各溫度點*

溫度點	烘豆過程之溫度點說明
回溫點	當咖啡生豆投入烘焙室後，因生豆吸收大部分熱源，溫度下降速度由快至慢，達到平衡後，溫度開始上升的時間點，稱之回溫點
轉黃點	生豆由原來青綠色變成淺黃色之溫度點
一爆點	第一次出現豆子破裂聲響之溫度點
二爆點	豆子在一爆完成後，再一次爆裂之溫度點
出豆點	烘培完成之溫度點
乾燥階段	投豆溫度至轉黃點溫度
褐變階段	轉黃點溫度至一爆點
發展階段	一爆點至烘豆完成時間點

* 資料參考自 Poisson et al., (2017).

　　基本上，沒有絕對的最佳烘焙曲線，但根據咖啡豆的味道、香氣、顏色和其他特性，會有各種曲線，也因為這樣我們需要針對每次烘焙過程，作詳細烘焙紀錄表（圖 6-20）。豆子在烘烤過程至結束時的顏色，總共有八種烘烤顏色（圖 6-19）。豆的顏色越接近黑色，酸度越弱，苦味越強。

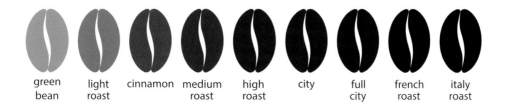

green bean　　light roast　　cinnamon　　medium roast　　high roast　　city　　full city　　french roast　　italy roast

▌圖 6-19　烘焙程度對比圖。

姓名		日期		機器		生豆溫度	
天氣		室溫		濕度		處理法	
生豆名稱		生豆重量		生豆密度		含水率	
熟豆名稱		失重量		失重率			
進豆溫度		回溫度		回溫時間			
一爆溫度		一爆時間		二爆溫度		二爆時間	
香氣發展時間		下豆時間		豆表 Agtron		磨粉 Agtron	

烘焙曲線

時間	1	2	3	4	5	6	7	8	9	10	11	12	13	14
Beam 溫度														
Beam 升溫														
Vent 風溫														
Vent 升溫														
火力														
風速														

回溫點開始計時

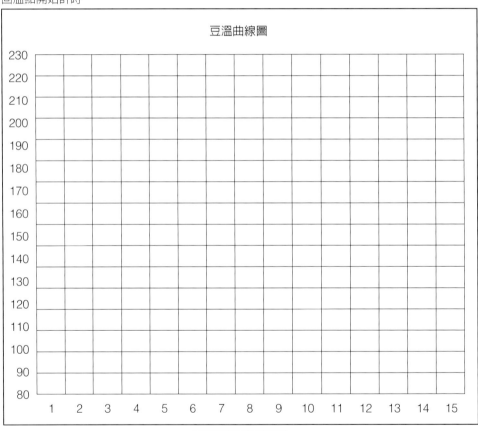

圖 6-20 咖啡烘培紀錄表。

（四）咖啡烘焙過程所發生的化學反應

烘焙過程風味的變化，主要區別在於咖啡中發生的化學反應。在一定溫度下的豆子，這些化學反應的發展，芳香烴、酸和其他風味成分被創造、平衡或改變以建立完美的風味、酸度、餘味和醇厚感。這些化學反應如下：

1. 梅納反應（Maillard Reaction）

烘焙咖啡風味和顏色發展的關鍵反應是梅納反應（圖 6-21）。在 150 ～ 200℃ 的溫度下，蛋白質中的羰基（來自糖）和氨基反應形成香氣和風味化合物。數以百計的咖啡風味化合物是由梅納反應所形成，包括咖啡主要香氣風味化合物 2- 糠基硫醇。

0℃	20℃	110℃	150℃	170℃	200℃
Rot		Maillard Reaction		Caramelization	Burn

▌ 圖 6-21　梅納反應。

2. 焦糖化反應（Caramelization）

從 170 ～ 200℃ 開始，咖啡豆中的糖開始發生焦糖化反應，使糖變成褐色並釋放芳香族和酸性化合物。在烘烤過程中，大部分蔗糖轉化為焦糖化合物，但如果把咖啡烘焙太淺，苦味化合物不會被降解。

3. 一爆（First Crack）

大約 200 ～ 205℃ 豆內的水分蒸發，導致豆膨脹和破裂（豆體爆開並且聽得見）。第一次爆裂使豆子變大 1 倍。 在第一次破解之前，豆子從綠色／黃色到淺棕色。在這一爆期，豆子失去了大約 5% 的水分重量。一般來說，淺焙在這一爆後就完成了。

圖 6-22 咖啡烘焙過程。

4. **熱裂解反應**（Pyrolysis）

在大約 220℃ 時，熱量會導致咖啡豆內部發生化學變化，從而釋放出二氧化碳。這個過程稱爲熱裂解。顏色變爲中等棕色和豆體重減輕了 13%。

5. **二爆**（Second Crack）

隨著溫度達到 225 ～ 230℃，熱裂解繼續進行，導致豆子出現第二次破裂。 那第二個裂縫是豆子細胞壁中的纖維素破裂。豆子現在是中等深色，有油性光澤。 正是在這個步驟中，芳香族化合物被釋放出來，爲咖啡的經典風味做出貢獻。

烘焙過程主要成分所經化學變化總結如下，這些變化會影響烘焙時咖啡中風味化合物的形成：

- 失水→咖啡豆乾燥，低水分反應系統
- 二氧化碳釋放→豆子膨脹
- 油脂遷移到豆表面 →香氣成分生成
- 糖分損失（包括蔗糖）→風味和顏色形成（梅納反應和焦糖化反應）
- 減少游離胺基酸→風味和顏色形成（梅納反應和史特烈卡降解反應）
- 多醣部分分解（例如阿拉伯半乳聚醣） → 釋放阿拉伯糖，進而反應導致風味形成（例如梅納反應）
- 蛋白質部分分解 →胺基酸的釋放，這些胺基酸發生反應導致風味形成（例如梅納反應）
- 綠原酸的降解 →苦味和顏色的形成
- 減少葫蘆巴鹼 →含氮產物的形成（香氣、味道、顏色）
- 梅納汀的形成→顏色形成（多醣、蛋白質和多酚的聚合反應）
- 部分脂質降解 →芳香活性醛化合物
- 過程中分解產物之間的相互作用

這些反應和相應風味的簡化概述形成的化合物列於表 6-3，它顯示了各種咖啡烘焙時可以產生的風味品質，為咖啡提供其獨特的香氣特徵，也造就了一杯好咖啡。

▼ 表 6-3　咖啡前驅物在烘焙過程之關鍵反應對風味品質影響

反應	前驅物種類	形成的風味化合物
梅納反應	還原醣 含氮化合物	乙二銅（奶油味） 吡嗪（泥土味、烘焙味、核果味） 噻唑（烘烤味、爆米花味） Enolones（焦糖味、鹹味） 硫醇（硫味） 脂肪酸（酸味）
史物烈卡降解反應	胺基酸 梅納反應生成的乙二銅	史特烈卡醛類（麥芽味、青草味、蜂蜜味）
焦糖化反應	游離糖（蔗糖轉化）	Enolones（焦糖味、鹹味）
綠原酸降解	綠原酸	酚類（煙燻味、塵味、木頭味、苯酚味、藥味） 內脂（苦味） Indanes（苦澀味）
脂質氧化反應	不飽和脂肪酸	乙醛（油脂味、皂味、青草味）

圖 6-23　職人烘焙過程。

參考文獻

Zhang, S. J., De Bruyn, F., Pothakos, V., Contreras, G. F., Cai, Z., Moccand, C., Weckx, S. and De Vuyst, L. 2019. Influence of Various Processing Parameters on the Microbial Community Dynamics, Metabolomic Profiles, and Cup Quality During Wet Coffee Processing. Frontiers in Microbiology, 10, 2621.

Vaz, C. J. T., Menezes, L. S., Santana, R. C., Sentanin, M. A., Zotarelli, M. F., & Guidini, C. Z. 2022. Effect of Fermentation of Arabica Coffee on Physicochemical Characteristics and Sensory Analysis.

Poisson, L., Blank, I., Dunkel, A., & Hofmann, T. 2017. The Chemistry of Roasting-Decoding Flavor Formation. In the Craft and Science of Coffee p.273-309.

07

咖啡之成分萃取及風味

李雅琳

一杯香氣濃郁，充滿花香、果香的咖啡如何誕生呢？在咖啡豆烘焙好時已經決定了它的潛能與極限。但是，沒有配合好的萃取方式，一杯好咖啡也會變成一杯壞咖啡，它需要幾個關鍵步驟的結合，包括：咖啡豆研磨方式與粉的粗細、萃取容器與方式、水粉比例、浸泡／悶蒸、萃取時間、是否攪拌等等，還有，水質也很重要喔！每一個細節影響著咖啡萃取成分與隨之變化的風味。

要進入精品咖啡尋味之旅，首先要了解咖啡的風味組成分與萃取方法。出發！

一、咖啡豆化學組成分：水溶性與非水溶性物質

首先，我們先了解烘焙好的咖啡豆中，它的化學組成分有什麼？這可以區分為水溶性與非水溶性成分。水溶性成分很容易理解，它們在咖啡萃取過程中，可以快速進入水中，而非水溶性成分呢？別誤會它不重要，它可是一杯精品咖啡的身價所在喔～我們來檢視表 7-1（如下），研究這些成分的占比以及它們的揮發性，因為許多香氣成分屬於非水溶性物質，如果沒有香氣，就不是精品咖啡了！

▼ 表 7-1　烘焙咖啡豆中的水溶性與非水溶性化學組成分 *

（重量乾基，Dry Basis）

不可揮發成分	水可溶物 %	水不可溶物 %
碳水化合物（53%）		
還原醣	1～2	-
焦糖化醣	10～17	0～7
半纖維素（可被水解）	1	14
纖維素（不可被水解）	-	22
油脂	-	15
蛋白質（總氮換算）：可溶性胺基酸	1～2	11
灰分（氧化態）	3	1
酸（非揮發性）		
綠原酸	4.5	-
咖啡酸	0.5	-
奎寧酸	0.5	-
草酸、蘋果酸、檸檬酸、酒石酸	1.0	-
葫蘆巴鹼	1.0	
咖啡因（阿拉比卡 1.0%；羅布斯塔 2.0%）	1.2	
總酚類化合物 2.0		

可揮發性成分	水可溶物 %	水不可溶物 %
酸	0.35	-
香氣成分（精油）	0.04	-
二氧化碳	微量	2.0
總量	27～35%	65～73%

* 資料參考自美國精品咖啡協會（Specialty Coffee Association of America, SCAA）出版
品 The Coffee Brewing Handbook (Second Edition, 2011. ISBN 1-882552-02-4)，原出處
Sivetz and Desrosier (1979)。

咖啡因（Caffeine）　　　　　　　　綠原酸（Chlorogenic Acid）

圖 7-1　咖啡豆中主要的風味貢獻化學分子，咖啡因與綠原酸，均為水溶性分子。（化學結構圖資料參考自維基百科）

　　咖啡豆中主要的風味貢獻化學分子：咖啡因與綠原酸，均為水溶性分子（圖 7-1），現在已經有小型隨身攜帶式的分析設備，可以快速檢測這兩種成分的含量（圖 7-2）。

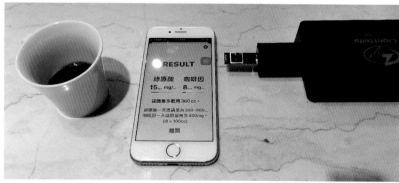

圖 7-2　咖啡主要風味成分咖啡因與綠原酸，有小型攜帶式設備快速分析。A. 將咖啡液滴入感測槽內，B. 使用手機藍牙功能傳輸將結果呈現出來。

　　再仔細看表7-1，我們可以發現，可揮發性成分僅占～0.4％，有～30％是水可溶物，非水溶性物質占～70％，這裡特別要注意，非水溶性物質並不代表不會進入水中，它們可能以膠體（Colloid）型態懸浮在咖啡裡（就像鮮奶裡的油脂，它們以膠體懸浮在牛奶中），提供我們醇厚口感（Body），我們要關心的是，如何讓它們被萃取出來並且保留在咖啡中（不要被過濾掉了）。

　　另外，僅占千分之4的揮發性成分，就是咖啡迷人的香味，是咖啡靈魂所在！在人的感官品評中，嗅覺的重要性占了7成，其他則是在口中產生酸甜苦鹹辣等官感，也因此剛沖泡好的熱咖啡和涼了的冷咖啡吸引力截然不同。這裡稍微探討一下冷萃咖啡的風味，因為水溫低，許多化學物質無法被萃取出來，所以味道較淡、苦味低，但是組成分不同也別有風味，自有一群愛好者！

　　接著，我們需要了解咖啡萃取過程中，物質具有變化與反應的三個階段，如下：

1. **浸濕**　第一階段—豆纖維吸收熱水，水溶性物質溶出，氣體排出。
2. **萃取**　第二階段—此時小部分芳香物質可以溶出進入水中，大部分進入空氣。
3. **水解**　第三階段—大分子分解，例如碳水化合物水解產生小分子還原醣進入水中，也含有水溶性胺基酸溶入水中。

　　我們進一步依此三階段，再將烘焙咖啡豆中的化學組成分，依據結構、理化特性，解析它們在咖啡萃取過程中出現／進入水中的時間點，整理於表7-2，以及它們具備的風味特徵，其中，混溶（Miscible）的意思是指這些成分有親水（Hydrophilic）和厭水／親脂（Hydrophobic）的部分，例如膠體就是以混溶的方式懸浮在水溶液中。蛋白質、脂質可以膠體結構，將不可溶的香味氣體包覆住，潛身在咖

啡液中發揮香氣與醇厚兼具的風味與口感喔～

▼ 表 7-2　咖啡沖泡三階段中出現的物質

階段	成分	風味特徵	水溶解性
1. 浸濕（初期）	綠原酸、檸檬酸、蘋果酸 酒石酸、奎寧酸、咖啡酸 蔗糖、焦糖化產物（烘焙產生） 游離胺基酸 咖啡因	水果酸質風味為主 酸澀味 甜味 甘甜味 微苦（非苦味主要來源）	可溶 可溶 可溶 可溶 可溶
2. 萃取（中期）	芳香物質（烘焙之梅納反應產物） 油脂（Oil）、蛋白質 綠原酸衍生聚合物（烘焙過程產生）	堅果、香草、巧克力香 產生醇厚感（Body） 苦味（主要來源）	不可溶 混溶 混溶
3. 水解（後期）	碳水化合物水解產生還原醣 半纖維素水解產生阿拉伯糖 蛋白質水解產生胺基酸	甜味 甜味 產生醇厚感（Body）	可溶 可溶 混溶

二、咖啡豆研磨方式：磨豆刀 & 咖啡粉顆粒粗細差異

　　不同的咖啡豆研磨方式對風味的影響甚大，這有兩個面向，其一是研磨的施力方式，簡單地說，包含剪力與壓力，結合切割、擠壓方式將咖啡豆粉碎。目前機械式研磨機主要有三種研磨刀——平刀、鬼齒刀、錐刀；其二，是咖啡粉的顆粒大小（粗細），以下分別依序說明（如圖 7-3）。

（一）三種研磨刀

平刀　適合細研磨，咖啡粉粒形狀為片狀、扁長的長方形。

鬼齒刀　磨粉效率高，咖啡粉粒形狀為粗細平均的不規則狀。

錐刀　適合粗研磨，咖啡粉粒為均勻顆粒狀、細粉較少，較不會過度萃取。

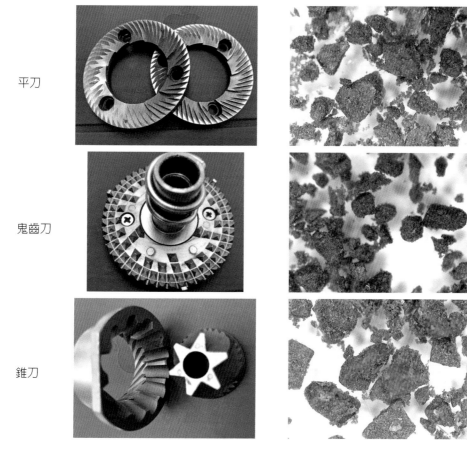

平刀

鬼齒刀

錐刀

▎圖 7-3　左圖為主要三種咖啡豆研磨刀（吳原炳先生提供），右圖為其研磨產生的咖啡粉在光學顯微鏡下的照片。

現在錐刀型磨刀也有陶瓷材質所製成的，特色是研磨過程減少發熱，可以降低咖啡香氣的流失。 由於每個人喜好的風味特徵不同，大家可以自行試驗合適的研磨刀。

（二）何時研磨咖啡粉？關鍵答案在咖啡豆中何時有適量的　　二氧化碳含量

問一個問題，你想要沖泡一杯 / 壺咖啡，咖啡豆何時研磨最好？

要回答這個問題，需要從烘焙咖啡豆說起，事實上剛烘好的豆子不適合馬上沖泡來喝！可以想像一下咖啡豆的烘焙過程，就像爆米花，

大量氣體產生使玉米粒脹大，籽粒由內而外瞬間爆開，香噴噴的爆米花馬上可以吃！咖啡豆則是會經歷一爆（淺焙），或是再經歷第二爆（中、深焙），外觀上的變化沒有那麼大，但是同樣地，剛烘好的咖啡豆內部一樣有大量的氣體（二氧化碳爲主）產生，所以有人說需要「養豆」，就是需要將這些氣體排出，因爲過量氣體在萃取過程中快速揮發離開，除了同時帶走香氣，也會干擾咖啡粉與水接觸的效果，導致香氣物質散失、萃取不足或不均勻，降低了咖啡的風味。

烘焙咖啡豆最佳賞味期，應該是養好豆之後的一段期間內，部分氣體還保存在豆子內，這些氣體包含二氧化碳與香味成分，在準備沖泡咖啡之前才磨豆，因爲磨豆之後大量的氣體會散失，連同香氣也一起離開，也因此研磨咖啡過程產生的香氣，比此時沖泡好的咖啡來得香，所以講究精品咖啡風味的人士，只喝現磨的咖啡，而此時二氧化碳也扮演重要的角色，例如手沖咖啡產生的細緻泡沫，主要來自於均勻分布的二氧化碳氣體，這些泡沫內部的氣體包含芳香物質，泡沫壁則是由油脂、蛋白質分子交聯吸引（疏水性親和力，Hydrophobic Interaction）構築而成，泡沫越細緻，表示芳香物質分散越均勻，溶於水中的比率就會提高。

此外，油脂與大部分蛋白質屬於親油性分子（Hydrophilic Molecules）結構，二氧化碳也是親油性分子結構，足量的二氧化碳可以有效將油脂、蛋白質萃取出來懸浮於水中，產生醇厚感（Body），所以，咖啡粉中有適量的二氧化碳存在，可以幫助一杯咖啡產生醇厚口感與濃郁的香氣！

（三）咖啡粉顆粒粗細的影響

研磨後的咖啡粉顆粒粗細會產生什麼影響呢？這個部分十分關鍵。

我們沖泡咖啡的方法是取特定「重量」的咖啡粉（細節原理將在下一段落中說明），而不是像沖泡奶粉是取幾「匙」粉──這是以體積定量。表 7-3 是咖啡豆及研磨成咖啡粉時，相同單位重量下咖啡顆粒的大小、數量，以及總表面積的關係。理所當然地，咖啡粉顆粒越細，就是研磨度越高，相同的單位重量下，總表面積越大。

▼ 表 7-3　咖啡豆及咖啡粉在相同單位重量下顆粒的粒徑與數量 *

	粒徑 （mm）	顆粒數 （每公克）	總表面積 （cm² / 公克）
全豆（Whole Bean）	6.00	6	8
裂豆（Cracked Bean）	3.00	48	16
粗磨（Coarse Grind）	1.50	384	32
一般型咖啡（Regular Grind）	1.00	1,296	48
滴濾型咖啡（Drip Grind）	0.75	3,072	64
細磨（Fine Grind）	0.38	24,572	128
濃縮咖啡（Espresso）	0.20	491,440	240

* 資料參考自美國精品咖啡協會（Specialty Coffee Association of America, SCAA）出版品 The Coffee Brewing Handbook (Second Edition, 2011. ISBN 1-882552-02-4)，原出處 Sivetz and Foote (1963)。

我們來深入思考一下水與咖啡粉接觸的過程，每個粉碎的咖啡顆粒都含有前段提到的化學組成物質（碳水化合物、蛋白質、脂質、芳香物質），萃取的目的就是要把好風味的物質提取到咖啡液中，並且盡量留下不良風味物質。

首先，水分浸濕咖啡纖維（Fiber）發生吸水反應，顆粒會膨潤變大並且排出氣體，當顆粒粗大時，豆粉的總表面積較小，我們可以想像如下圖（圖 7-4），左邊是一個烘焙好的咖啡剖面，內部有一些空隙，經過研磨後變成右邊的小顆粒，原本與水接觸的表面積是整個豆表，

豆子細碎化以後，整體表面積增加了，其增加的情形可以參照表 7-3，以 6 公釐（mm）的豆子為例，粒徑每次減半，總表面積會增加 2 倍，其中細磨粉粒徑為 0.38 公釐時，總表面積是粗磨粉 1.5 公釐粒徑者的 4 倍；在水與所有咖啡粉充分接觸的前提下，可以想見細磨粉萃取速度是粗磨粉的 4 倍。

　　這說明了咖啡粉粗細與萃取速度呈現負相關，顆粒越大，萃取速度越慢，反之亦然。表 7-3 中的滴濾式咖啡，也就是市面上已經常見的濾掛式咖啡，它的顆粒大小介於粗磨與細磨之間，是業者經過試驗沖泡水量，以及流出濾掛包咖啡萃取液的時間，找到咖啡粉較佳的顆粒粗細喔～另外，最普遍的美式咖啡沖泡方法，是從義式咖啡（Espresso）演變來的，它的咖啡粉顆粒最細，因為一杯典型的義式咖啡（30～45 毫升）僅以 20～30 秒的時間萃取，快速而一致性高，濃濃的咖啡液再兌水（Bypass）稀釋成一般口味的美式咖啡，適合美國忙碌、講求時效的工業社會。

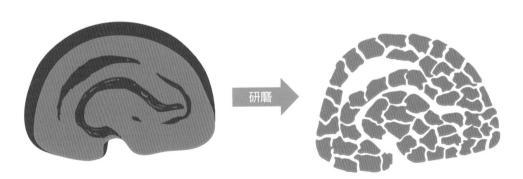

圖 7-4　左圖為烘焙咖啡豆剖面，研磨之後為右圖，藍色邊線表示咖啡豆／粉和水分子的接觸面。
（圖片參考自 COFFEE GRINDER 網站 https://handground.com/grind/an-intuitive-guide-to-coffee-solubles-extraction-and-tds）

　　沖泡咖啡的訣竅，是不要萃取出咖啡粉中味道不好的成分，例如苦、澀、濁味等，幸運的是，這些成分屬於在萃取末段時間出現。綜

合所述，研磨豆子的粗細均一度很重要，有高度一致性，才能精確掌握萃取時間的長短，沖泡出好喝的咖啡！

表 7-4 是美國商業部依據咖啡沖泡方法的不同，建議咖啡粉的顆粒研磨粒徑大小，以標準篩網網目訂定範圍，網目數字高低與網目直徑大小成反比，依據國際粉體顆粒篩目粒徑對照表，10 號是 1,700 微米（μm），14 號 1,180 微米，20 號 830 微米，28 號 600 微米。針對手沖式的精品咖啡，在研磨前，需要將研磨機的研磨粒徑設定在理想的粗細區間，校準刻度的方法，是建議使用 20 號篩網進行檢驗，～ 70% 咖啡粉比例可以通過此篩網。

▼ 表 7-4　美國商務部建議咖啡粉研磨顆粒大小 *

研磨咖啡粉	10 號 &14 號篩網	20 號 & 28 號篩網	28 號篩網	28 號篩網通過量
類型	介此區間篩目顆粒之比例（%）		過篩比率（%）	最低～最高（%）
一般型	33	55	12	9～15
滴濾型	7	73	20	16～24
細磨型	0	70	30	25～40

* 資料參考自美國精品咖啡協會（Specialty Coffee Association of America, SCAA）出版品 The Coffee Brewing Handbook (Second Edition, 2011. ISBN 1-882552-02-4)，原出處 U.S. Department of Commerce。

我們現在依美國精品咖啡協會（Specialty Coffee Association of America, SCAA）出版咖啡專書《咖啡萃取手冊》（The Coffee Brewing Handbook），進一步探討咖啡粉粗細、萃取時間、萃取水溫，這三個變因對咖啡液成分的影響（下一段落會介紹 SCAA 組織）。表 7-5 是三種不同粗細的咖啡粉，以 94°C 水溫萃取咖啡粉 5 分鐘時間，咖啡液中重要呈味成分的含量（計算自 3 杯咖啡平均值），從直觀判斷，磨得越細，得到的成分會越多，結果顯示大部分的成分確實如此，但是值得注意的是蔗糖、醋酸為例外，粗磨的咖啡液含量較高喔～

再比較萃取時間的影響，表 7-6 是細磨咖啡粉，同樣以 94℃ 水溫萃取咖啡粉 1、5、14 分鐘，比較這些成分的含量，相同地，我們的直觀會判斷時間越久，成分含量會變高，但是事實是，大部分成分在第 1 分鐘時，就已經萃取差不多了。值得觀察的是，蔗糖在第 14 分鐘時確實是第 1、5 分鐘萃取時的 2 倍含量，然而，乳酸卻是在第 1 分鐘時含量最高。

▼ 表 7-5　不同研磨顆粒粗細的咖啡粉萃取液中呈味成分含量（水溫 94℃ 萃取 5 分鐘）*

研磨程度	超細磨（extra fine）	細磨（fine）	粗磨（coarse）
咖啡液組成物	濃度（毫克 / 公升；mg/L）		
脂肪酸			
棕櫚酸（16：0）	3.63	5.90	5.30
亞油酸（18：2）	4.50	5.97	6.27
蔗糖	37.33	126.67	126.67
乳酸	308.33	194.50	109.67
醋酸	209.00	225.67	242.67
檸檬酸	440.00	461.00	325.00
蘋果酸	163.67	137.00	119.33
磷酸	82.00	77.33	68.33
奎寧酸	510.00	495.00	435.33
綠原酸	1,177.00	1,064.67	700
咖啡因	727.67	685.00	531.33

* 資料參考自美國精品咖啡協會（Specialty Coffee Association of America, SCAA）出版品 The Coffee Brewing Handbook (Second Edition, 2011. ISBN 1-882552-02-4)，原出處 ICO Technical Unit - Report No. 9。

▼ 表 7-6　細磨咖啡粉不同萃取時間之咖啡液呈味成分含量（水溫 94℃萃取）*

萃取時間	1 分鐘	5 分鐘	14 分鐘
咖啡液組成物	濃度（毫克 / 公升；mg/L）		
脂肪酸			
棕櫚酸（16：0）	4.97	5.90	5.87
亞油酸（18：2）	6.70	5.97	6.37
蔗糖	135.00	126.67	275.00
乳酸	261.00	194.50	125.67
醋酸	209.00	225.67	242.00
檸檬酸	343.33	461.00	355.33
蘋果酸	109.33	137.00	100.33
磷酸	75.00	77.33	75.67
奎寧酸	525.00	495.00	556.67
綠原酸	955.33	1,064.67	988.33
咖啡因	665.33	685.00	688.67

* 資料參考自美國精品咖啡協會（Specialty Coffee Association of America, SCAA）出版品 The Coffee Brewing Handbook (Second Edition, 2011. ISBN 1-882552-02-4)，原出處 ICO Technical Unit - Report No. 9。

　　若是改變萃取水的溫度呢？表 7-7 是細磨咖啡粉，萃取 5 分鐘時間，以不同水溫（70、94、100℃）萃取咖啡液的上述成分含量，同樣的直覺想法，溫度越高萃取成分含量越高，原則上 94 與 100℃的差異應該較小，試驗結果顯示這個想法大部分正確，但是其中的乳酸、醋酸、磷酸三種分子，在 94℃的萃取量最高，而最特別的是奎寧酸在

70℃水溫萃取時含量最高。

這個實驗顯示，「萃取」是一門複雜的學問，牽涉所有成分之間的交互作用，這可以物理化學原理慢慢分析解釋，我們在這裡得到最重要的結論是，理想的咖啡萃取水溫與時間，建議是 94℃、5 分鐘。

▼ 表 7-7　細磨咖啡粉不同水溫萃取之咖啡液呈味成分含量（萃取 5 分鐘）*

萃取時間	70 ℃	94℃	100℃
咖啡液組成物	濃度（毫克／公升；mg/L）		
脂肪酸			
棕櫚酸（16：0）	3.26	5.90	6.53
亞油酸（18：2）	3.83	5.97	8.30
蔗糖	121.00	194.50	187.33
乳酸	151.33	225.57	187.00
醋酸	388.33	461.00	332.00
檸檬酸	131.00	137.00	122.50
蘋果酸	86.33	77.33	80.00
磷酸	348.33	495.00	383.33
奎寧酸	872.67	495.00	435.33
綠原酸	1,177.00	1,064.67	1,067.67
咖啡因	579.33	685.00	694.33

* 資料參考自美國精品咖啡協會（Specialty Coffee Association of America, SCAA）出版品 The Coffee Brewing Handbook (Second Edition, 2011. ISBN 1-882552-02-4)，原出處 ICO Technical Unit - Report No. 9。

三、咖啡沖泡控制圖：水粉比、萃取溫度（93～95℃）

美國精品咖啡協會（SCAA）成立於 1982 年，是目前世界上最大的非營利咖啡產業組織，長期致力於咖啡科學知識的傳遞與教育，他們制定了一系列的標準以及規劃相關課程，也提供證照考試，使咖啡產業中的職人得到認可，也因而促進了產業的發展。本章節有許多資料來自 SCAA 出版的專書——《The Coffee Brewing Handbook》。

在咖啡產業中，有許多學者專家投入研究，致力於了解如何沖泡得到一杯／壺美味咖啡的科學參數。我們前面的段落討論咖啡豆粉的研磨方式、顆粒粗細、沖泡溫度與時間等，結合使用精密儀器分析風味成分是科學上的理解，但是真正要沖泡咖啡時，這些成分分析結果僅是參考，是什麼因子可以作為立即可掌握與應用的評量點呢？學者們發現，咖啡液中的總溶解固形物（Total Dissolved Solid, TDS）百分比、萃取率（Extraction, E）很重要，結合官能品評（Sensory Evaluation），他們找到這兩個因子的最佳組合區：TSD 1.15～1.35、E 18～22%。

我們首先來了解什麼是「總溶解固形物百分比」。前面段落提過，烘焙好的咖啡豆中，可溶於水的部分大約占 30%，然而，我們不要全部溶出，因為其中含有不良風味物質，好的沖泡技巧是只萃取我們要的成分，不要的物質就留在咖啡渣裡別出來。TDS 的測定原理很簡單，將沖泡好的咖啡液過濾去除不溶物後，取 10 毫升（mL）液體乾燥、去除水分後秤重，得到固體重量（～0.1 毫克），再計算在液體中的重量百分比（～1%），SCAA 的結論是 1.15～1.35% 最理想。只是，原理與過程簡單，但是需要精密天平（有效數字達到小數點第四位）、乾燥箱等設備，所以後來轉而採用電導度計（Conductivity Meter）偵

測液體電導度取代。因爲咖啡液 TDS 與電導度數值（Electrical Value, EC Value）呈正比（咖啡液總溶解固形物百分比與導電度正相關），最後將電導度計的數值（EC 值）轉變換算成 TDS 值。咖啡液萃取率的計算方式，則是沖泡好的咖啡液重量，乘上 TDS（單位是 %），再除以咖啡粉的重量後計算得到的百分比率，公式如下：咖啡液重量（公克）× 咖啡液 TDS（%）÷ 咖啡粉重量（公克）＝咖啡萃取率（%）。

SCAA 協會進一步將咖啡水粉比例加入這個組合，繪製了著名的「咖啡沖泡管理表」（Coffee Brewing Control Chart），也稱爲「金杯理論圖表」，如圖 7-5。

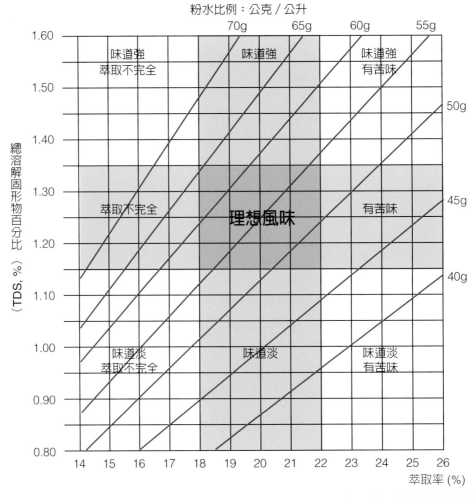

圖 7-5　咖啡沖泡管理表（Coffee Brewing Control Chart），也稱為金杯理論圖表。

　　SCAA 分析了萃取水溫、水粉比例對咖啡液 TDS、萃取率的相關性，分別列於表 7-8、表 7-9。依據金杯理論，水溫 85 ～ 96℃，以及水粉比例 16 ～ 20（公制，毫升水／公克咖啡粉）之間，可以得到理想的咖啡液 TDS 與萃取。圖 7-6 介紹一種測定咖啡液總溶解固形物的簡單方法。

▼ 表 7-8　萃取水溫對咖啡液 TDS、萃取率的相關性 *

華氏溫度°F	攝氏溫度°C	咖啡 TDS %	TDS g／豆粉 g 萃取率	oz./lb.（美制）萃取率
205	96	1.22	18.6%	2.85
195	91	1.30	19.6%	3.00
185	85	1.24	18.7%	2.87
165	74	1.11	16.8%	2.58
125	52	0.98	13.6%	2.08
85	29	0.63	9.6%	1.48

* 資料參考自美國精品咖啡協會（Specialty Coffee Association of America, SCAA）出版品 The Coffee Brewing Handbook (Second Edition, 2011. ISBN 1-882552-02-4)，原出處 Coffee Brewing Center, Publication #40。

▼ 表 7-9　咖啡之水粉比例對咖啡液 TDS、萃取率的相關性 *

水粉比例（美制）ga/lb	水粉比例（公制）mL/g	TDS %	TDS g／豆粉 g 萃取率
1.62	13.5	1.76	20.9%
2.00	16.7	1.22	17.8%
2.35	19.6	1.13	19.6%
2.67	22.3	1.00	20.0%
3.33	27.8	0.79	20.3%
4.00	33.4	0.67	20.6%

* 資料參考自美國精品咖啡協會（Specialty Coffee Association of America, SCAA）出版品 The Coffee Brewing Handbook (Second Edition, 2011. ISBN 1-882552-02-4)，原出處 Coffee Brewing Center, Publication #40。

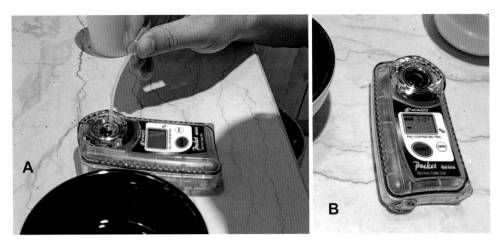

圖 7-6　攜帶式咖啡液總溶解固形物（Total Dissolved Solid, TDS）折射計
（Refractometer）。A. 示範將咖啡液滴入分析槽中、B. 依據使用說明操作後呈
現咖啡 TDS 數值。

　　此外，風味偏好個人差異很大，而對於食物的滋味感官描述，
也是因人而異。在咖啡專業世界裡，必須要有統一的風味品評語言，
才能彼此溝通，這需要領域內的業界人士共同認可，也需要被一般消
費大眾接受。因此，為鑑定一杯精品咖啡的風味並給予評價（直白
地說，就是為她打分數），SCAA 訂定一份咖啡杯測表，採用了十個
項目進行評分（圖 7-7 為美國精品咖啡協會的「咖啡杯測表」中文譯
本）——1. 乾 / 濕香氣（Fragrance/Aroma）、2. 風味（Flavor）、3. 酸
度（Acidity）、4. 醇厚度（Body）、5. 一致性（Uniformity）、6. 乾
淨度（Clean Cup）、7. 餘韻（Aftertaste）、8. 均衡度（Balance）、9.
甜度（Sweetness）、10. 整體（Overall），每個項目 10 分，並以瑕疵
（Defect）——缺點（Taint，輕微）、失誤（Fault，嚴重）兩個等級
進行扣分，最後得到的分數如果高於 80 分，就是一杯精品咖啡，低於
80 分則是商業咖啡。

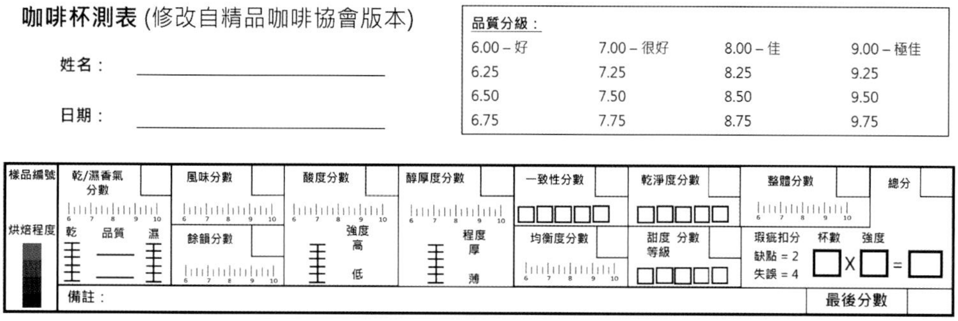

咖啡杯測表 (修改自精品咖啡協會版本)

姓名：＿＿＿＿＿＿＿＿＿＿＿＿＿

日期：＿＿＿＿＿＿＿＿＿＿＿＿＿

品質分級：			
6.00－好	7.00－很好	8.00－佳	9.00－極佳
6.25	7.25	8.25	9.25
6.50	7.50	8.50	9.50
6.75	7.75	8.75	9.75

樣品編號 ｜ 乾/濕香氣 分數 ｜ 風味分數 ｜ 酸度分數 強度 高 低 ｜ 醇厚度分數 程度 厚 薄 ｜ 一致性分數 ｜ 乾淨度分數 ｜ 整體分數 ｜ 總分

烘焙程度 ｜ 乾 品質 濕 ｜ 餘韻分數 ｜ 均衡度分數 ｜ 甜度 分數 等級 ｜ 瑕疵扣分 缺點＝2 失誤＝4 杯數 強度 □×□＝□

備註： ｜ 最後分數

圖 7-7 美國精品咖啡協會的「咖啡杯測表」中文翻譯。評分項目有十項：乾 / 濕香氣、風味、酸度、醇厚度、一致性、乾淨度、餘韻、均衡度、甜度、整體；縱向的尺規為「強度」，橫向的尺規為「品質」，並以瑕疵項目（區分輕微、嚴重兩個等級）進行扣分。其中，乾香氣是指咖啡豆磨成粉後產生的香氣，濕香氣是指咖啡粉加入熱水後產生的香氣。

SCAA 為更到位地描述一杯咖啡的風味特徵，於 1996 年發表第一版「咖啡風味輪」，將生活中的食物風味引導到品評咖啡方法學中，之後再與世界咖啡研究會（World Coffee Research, WCR）合作，於 2016 年發表第二版「咖啡風味輪」（The Coffee Taster's Flavor Wheel），這是聯合美國多所大學專家學者，偕同民間業者配合執行，採用縝密的科學統計、電腦演算技術所產生。2017 年，SCAA 與歐洲精品咖啡協會（Specialty Coffee Association of Europe, SCAE）合併，去掉國家、地區名稱，直接稱為精品咖啡協會（Specialty Coffee Association, SCA），合力推廣國際咖啡專業知識。SCA 咖啡體系提供咖啡專業教育，幫助專業人員精進咖啡知識與技能，其中包含咖啡萃取（SCA CSP Brewing）與感官技巧（Sensory Evaluation）等項目。2023 年，丹麥學者發表一篇咖啡科學研究重磅報告，揭露咖啡風味中十分強調的酸度，其真身並非來自傳統認知的有機酸，例如蘋果酸、醋酸，因為它們在咖啡中的含量低於我們口腔可以感知的閾值（Threshold），我們真正可以喝得出酸味的，是「檸檬酸」，因為它確實在一般咖啡中含量特別高的緣故；這份報告直接導致 SCA 修改咖啡杯測表，同時也影響了咖啡專業教育課程的內容。

　　臺灣也有專屬自己的咖啡風味輪（圖 7-8），重要的原因是，風味的描述來自於個人生活中對食物的體驗，世界上各地區的人有自己的食物相（一方水土養一方人），比如我們常吃的荔枝、鳳梨、香蕉，在西方溫帶地區的國家很罕見，他們沒有這樣的食物存在，自然不會用這些食物描述咖啡風味，相反地，他們會採用藍莓、覆盆子等食物描述（現在主流咖啡風味輪的詞彙元素），一般消費者是無法領會了解這到底是什麼滋味！去（2023）年，農業部茶及飲料作物改良場（簡稱茶改場），依據國內精品咖啡市場喜好度，以分數高低排序風味類型，產生花香、水果、醱酵、糖香、堅果、草本、香料等 7 種調性，採用科學方法、結合在地飲食文化，製作「臺灣咖啡風味輪」（圖 7-9），以此貼近國人習慣、提高認同感，將咖啡這個舶來品進一步轉變、深化進入我們的日常食物圈。

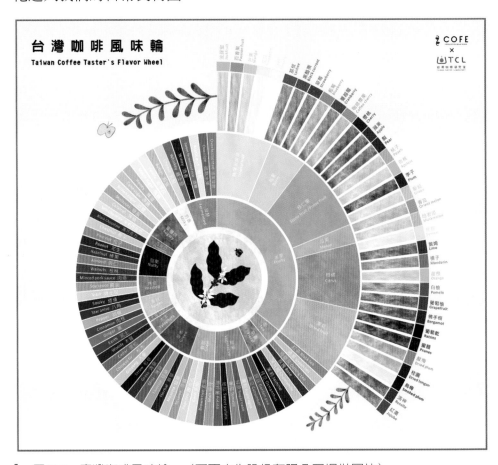

圖 7-8　臺灣咖啡風味輪。（可否文化股份有限公司提供圖片）

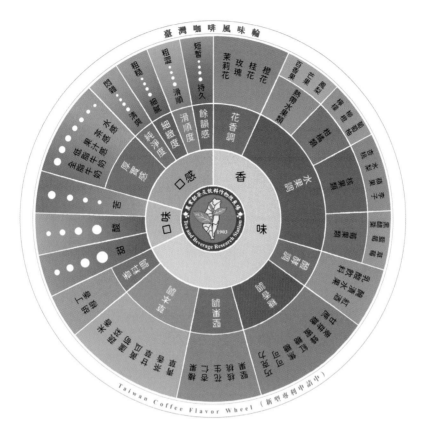

▎ 圖 7-9　農業部茶及飲料作物改良場製作「臺灣咖啡風味輪」。（農業部茶及飲料作物改良場提供圖片）

四、標準萃取法 & 水質影響：EC 值－導電度

　　美國 Coffee Brewing Center 在 1966 年公開發表了咖啡的標準沖泡方法，挪威 Nordic Coffee Center 則在 1980 年公告自己的方法，除了前者的單位是美制，後者是公制的差別外，兩者有一些配方（Formula）上的不同，這應該是各國人對咖啡風味喜好傾向差異所致。例如，挪威的總溶解固形物（TDS）稍微高於美國的標準，粉水比例也較高；更明顯的差異是萃取的時間，同樣以細磨咖啡粉比較，挪威的標準最高萃取時間比美國多出 1 分鐘，由此可見，挪威人喜歡較濃的咖啡風味，美國人則相對淡些（表 7-10）。

▼ 表 7-10　美國與挪威泡製咖啡標準方法 *

標準	美國 CBC** （Coffee Brewing Center）	挪威 NCC*** （Nordic Coffee Center）
總溶解固形物（%）	1.15～1.35	1.30～1.55
萃取率（%）	18～22	18～22
粉水比	3.25～4.25 oz. 咖啡粉 （92～120 g） 64 FL. oz. 水（1,893 mL）	60～70 g 咖啡粉 1.0 L 水
萃取水溫	195～205℉ （90.6～96.1℃）	92～96℃
萃取時間	細磨：1～4 分鐘 滴濾式：4～6 分鐘 一般型：6～8 分鐘	細磨：1～5 分鐘 粗磨：5～8 分鐘
維持（飲用）溫度	175～185℉ （79.4～85℃）	80～85℃

* 資料參考自美國精品咖啡協會（Specialty Coffee Association of America, SCAA）出版品 The Coffee Brewing Handbook (Second Edition, 2011. ISBN 1-882552-02-4)。

** The Coffee Brewing Center (1966) Equipment Evaluation Publication No. 126. New York.

*** The Norwegian Coffee Brewing Center (1980) Evaluation and Approval of Home Coffee Makers Publication No. 6B.

　　我們國人可能也有自己的風味偏好，未來有一天，我們同樣可以制定自己的咖啡風味標準（如同我們自己的台灣咖啡風味輪，圖 7-9），也提出相應的沖泡方式。但是，在此之前，我們還需要建立一些知識，現在，就來談談水質的重要性。

　　前面提到咖啡萃取是一門藝術，藝術的內涵就是美感，其中的變因很多、難以重複、再現！再一個面向，就是「見仁見智」，蘿蔔青菜各有所好。我們從這個角度切入，討論水質的影響。

　　純水，最單純，只有水、無其他雜質，用來沖泡咖啡完全沒有問題，但是，我們也知道，咖啡豆裡的成分很複雜，如果使用含有微量礦物質的礦泉水來沖泡咖啡，是否影響風味呢？

這個問題在上世紀 60 年代的美國精品咖啡協會，就已經研究過且做出答案了！他們不建議使用純水沖泡咖啡，而是建議總溶解固形物（TDS）< 300 ppm（part per million，百萬分之一）的水來沖泡，例如山泉水（礦泉水），它的 TDS 是 100～200 ppm 之間，被形容為「Crystal Fresh」，適合用來沖泡咖啡。再則，建議鐵質含量 < 2 ppm，鈣加鎂的含量 < 100 ppm。圖 7-10 為方便攜帶的快速檢測水質測定計。

理想的水質使咖啡香氣足、苦味低。不理想的水質，包括 TDS 太高、鹼性強、有鹹味的水，最大的影響就是使苦味增加、香氣降低（圖 7-11）。從學理上來說，礦物質本身有一點味道，但是低濃度下一般人通常察覺不到，所以，使用礦泉水沖泡咖啡對風味的影響，應該是萃取出來的成分有些微差異，而這些差異所創造的風味變化，則可以被我們敏銳的嗅覺與味蕾分辨出來，建議大家使用不同的水來沖泡咖啡，尋找自己的最愛！

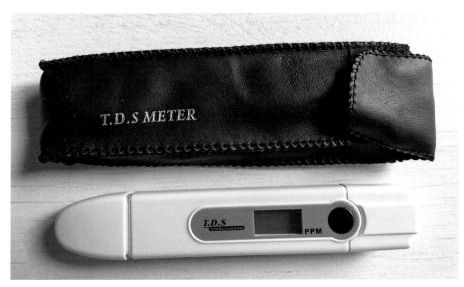

圖 7-10　方便攜帶的快速檢測水質測定計。

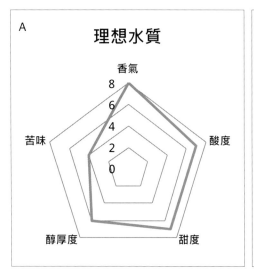

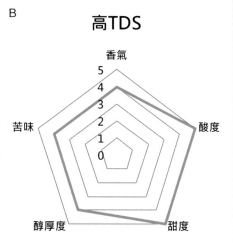

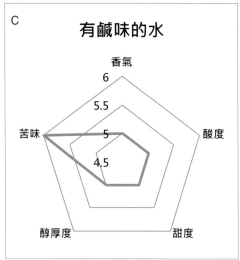

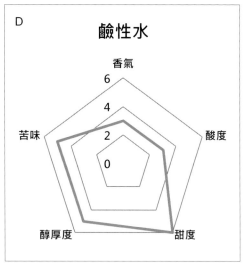

圖 7-11 不同水質對咖啡風味—香氣、酸度、甜度、醇厚度、苦味影響的雷達分析圖。A. 理想水質，B. 高 TDS，C. 鹼性水，D. 有鹹味的水。

資料參考自美國精品咖啡協會（Specialty Coffee Association of America, SCAA）出版品 Water Quality (Second Edition, 2011. ISBN 978-1-882552-08-5)。原出處：Rivetti D, Navarini L, Cappuccio R, Abatangelo A, Petracco M and Suggi-Liverani F, The Effect of Water Composition and Water Treatment on Espresso Coffee Percolation, "19th Association Scientfique du Café Colloquium, Trieste, 2001". P.21。

五、萃取技巧：過濾方法 & 攪拌與否

綜合前面所述，我們知道咖啡粉的研磨方式、水粉比例、水溫、水質，都對咖啡風味產生影響，接著，我們來討論最後一部分，如何將咖啡液與咖啡渣分離。因為短短數分鐘時間內，咖啡液就需要與咖啡渣分手（以避免過度萃取），採用自然沉降法太耗時間，所以，使用濾膜與濾杯，利用重力讓咖啡液自然通過濾膜離開咖啡渣最簡單，關鍵是流速，流動太快可能萃取不完全，流動太慢可能萃取過度。

市售咖啡濾杯、濾紙、過濾膜款式太多，不能一一介紹，所以這裡提供一些原則。細磨咖啡粉萃取時間短，需要選擇流速快的過濾方式，反之，粗磨咖啡粉萃取時間長，可選擇流速慢些的過濾方式。再則，關鍵是充分萃取咖啡、又不過度萃取。手沖咖啡的技巧很高，例如採用悶蒸的策略，可以增加水與咖啡粉的接觸時間，訣竅是時間的控制，在完全浸濕咖啡粉一小段時間後，再開始加入熱水萃取，過程中將重點放在使每顆咖啡粉粒與水均勻接觸，並藉由重力讓咖啡液流出。由於悶蒸時間長短影響咖啡萃出物質，所以建議時間長短由自己試驗，目標是找到個人喜歡風味的悶蒸時間長度。

最後一個問題，沖泡咖啡粉需要攪拌嗎？這個問題需要再回到原點找答案，也就是你喜歡什麼樣的咖啡風味特徵，喜歡澄淨感或是醇厚感？攪拌造成的最大差異是增加脂質、蛋白質的萃取量，這是「Body」口感主要成因。特別一提的是，手沖咖啡的特色是咖啡液由重力帶出，當大量水進入咖啡濾杯，如果流速過快，會發生咖啡顆粒尚未與水充分接觸，液體就已經流出濾杯的情況，脂質的萃出量就會偏低，但是雜味也少，咖啡的風味較屬於澄淨亮麗型。

如果特別喜歡各種咖啡氣味結合醇厚口感的話，也可以試驗一邊倒熱水，一邊攪拌的方式萃取咖啡，如果太濃了，還可以兌水稀釋、抓出自己最愛的風味。

　　另外，介紹臺灣業者發明的聰明濾杯（Mr. Clever），這是臺灣業者的發明，藉由濾杯底部的活塞閥設計，可以更精準地控制咖啡粉與水接觸的方式與時間，要悶蒸嗎？可以！要攪拌翻滾嗎？可以！萃取時間的長短，取決於何時開啟濾杯底部活塞閥，是簡單穩定的沖泡咖啡器具。圖 7-12 是示範以聰明濾杯萃取咖啡的流程。

▍圖 7-12　示範以聰明濾杯萃取咖啡流程。A. 依據個人喜好之粉水比例秤取定量咖啡，B. 以～95℃熱水穩定注入咖啡粉，C. 結束注水前咖啡萃取液表面有均勻粉、水、氣體混合層，D. 開始注水 1 分鐘後以湯匙壓平咖啡液表層使粉末吸水沉降、小氣泡均勻漂浮，E. 靜置一小段時間（依實際咖啡粉的粗細而定，建議 1 分 45 秒～2 分 30 秒之間）後濾出咖啡液，F. 依據個人喜好停止濾出咖啡液後存留一些殘液，可以創造咖啡更佳風味。

　　最後，咖啡苦味成分有一份新研究報告，2021 年日本學者發表，運用電子舌結合高階儀器分析技術，找到主要的三個咖啡苦味成分：菸鹼酸、乳酸、菸鹼醯胺；這個發現有別於過去的一般認知，可能不是綠原酸相關的衍生物造成咖啡苦味。

　　依此新發現提醒大家一下，前面段落中討論分析咖啡萃取物的研究結果（表 7-5 ～表 7-7），包含乳酸成分含量，它既已被確定會造成苦味，大家可以參考、再細細琢磨，修訂設計自己的獨家萃取密技！

參考文獻

美國精品咖啡協會（Specialty Coffee Association of America, SCAA）出版品 The Coffee Brewing Handbook (Second Edition, 2011. ISBN 1-882552-02-4).

美國精品咖啡協會（Specialty Coffee Association of America, SCAA）出版品 Water Quality (Second Edition, 2011. ISBN 978-1-882552-08-5).

COFFEE GRINDER 網址 https://handground.com/team-handground.

Fujimoto, H., Y. Narita, K. Iwai, T. Hanzawa, T. Kobayashi, M. Kakiuchi, S. Ariki, X. Wu, K. Miyake, Y. Tahara, H. Ikezaki, T. Fukunaga, and K. Toko. 2021. Bitterness compounds in coffee brew measured by analytical instruments and taste sensing system. Food Chem. 342:128228. doi:10.1016/j.foodchem.2020.128228

Rune, C. J. B., D. Giacalone, I. Steen, L. Duelund, M. Münchow, and Rune, C. J. B., D. Giacalone, I. Steen, L. Duelund, M.Münchow, and M. P. Clausen. 2023. Acids in brewed coffees: Chemical composition and sensory threshold. Curr Res Food Sci. 6:100485. doi: 10.1016/j.crfs.2023.100485

謝　誌

　　本專書的順利完成，首先要感謝嘉義農業試驗分所方怡丹分所長，她在出版過程中展現了卓越的領導力與專業才能。積極協助確認圖文相關的智慧財產權，促成與出版社的合作，提供了專書的關鍵支持，對於本書的出版具有重大意義。

　　同時，誠摯感謝前分所長陳甘澍博士。他在任內統籌協調各領域專家，為編撰工作提供了重要的指導，奠定了本書發展的堅實基礎，並推動整個編撰進程，他的貢獻對本書的順利完成不可或缺，特此致上深切謝意。

　　特別感謝咖啡專家吳原炳老師，對有關咖啡成分萃取及風味的章節提供了專業指導。尤其在初稿提出的寶貴建議，顯著提升了該章節的內容深度與完整性，謹此致以誠摯感謝。

　　此外，感謝農業部茶及飲料作物改良場提供的「臺灣咖啡風味輪」圖片，以及可否文化股份有限公司所提供的「臺灣咖啡風味輪」圖片；這些資料為咖啡成分萃取及風味章節增添了重要的實用性與專業性，進一步豐富了本書的內容。

　　最後，感謝所有專家的支持與協作，使本專書得以順利出版。

國家圖書館出版品預行編目資料

臺灣咖啡栽培管理與產業應用 / 農業部農業
試驗所編著. -- 初版. -- 臺北市 : 五南圖
書出版股份有限公司, 2024.11
　　面；　公分
ISBN 978-626-393-922-6(平裝)
1.CST: 咖啡 2.CST: 栽培 3.CST: 臺灣
434.183　　　　　　　　　　113017100

5N73

臺灣咖啡栽培管理與產業應用

作　　　者 —	農業部農業試驗所
編輯主編 —	李貴年
責任編輯 —	何富珊
封面設計 —	封怡彤
出 版 者 —	五南圖書出版股份有限公司
發 行 人 —	楊榮川
總 經 理 —	楊士清
總 編 輯 —	楊秀麗

地　　　址：106 台北市大安區和平東路二段 339 號 4 樓

電　　　話：(02) 2705-5066　　傳　　　真：(02) 2706-6100

網　　　址：https://www.wunan.com.tw

電子郵件：wunan @ wunan.com.tw

劃撥帳號：01068953

戶　　　名：五南圖書出版股份有限公司

法律顧問　林勝安律師

出版日期　2024 年 11 月初版一刷

定　　　價　新臺幣 550 元